国家中等职业教育改革发展
示范校核心课程系列教材

现代农艺技术
专业技能训练指导

Xiandai Nongyi Jishu Zhuanye Jineng Xunlian Zhidao

孙万库 主编

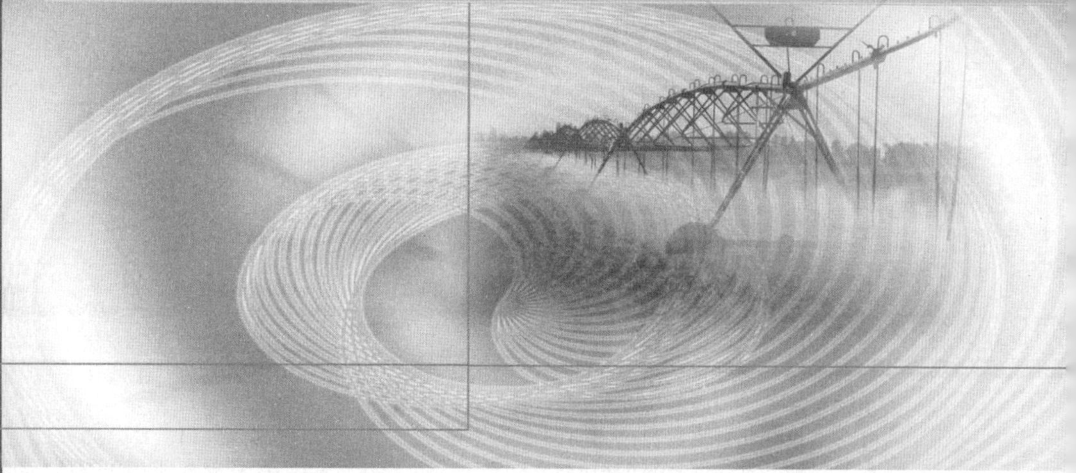

中国农业大学出版社
China Agricultural University Press

内容简介

该教材在调研现代农艺技术专业领域用工实际情况及总结我校多年来的该专业技能实训教学经验的基础上，根据现代农艺技术专业用工岗位的有代表性工作任务和工作需求，选择以培养农艺技术专业岗位能力为主体的实训内容。共设计了4个训练项目39个训练任务，涵盖了农艺产品的植物生长发育基础知识、土壤和肥水管理、农艺产品及种子生产技术、农艺植物保护技术等方面的基本技能训练内容。训练项目依据农艺产品生产体系设计为从简单到复杂，从基础到专业的循序递进的方式。技能训练的知识和内容安排遵从植物学教学规律、农艺产品生产实践规律、中学生认知规律和农职就业特点。技能实训内容与学生未来就业相对接，同时与现代农艺技术专业职业岗位实际工作要求相契合。

图书在版编目(CIP)数据

现代农艺技术专业技能训练指导/孙万库主编. —北京：中国农业大学出版社，2016.3(2023.11重印)

ISBN 978-7-5655-1490-6

Ⅰ.①现… Ⅱ.①孙… Ⅲ.①农业技术-技术培训-教材 Ⅳ.①S

中国版本图书馆CIP数据核字(2016)第020615号

书　　名　现代农艺技术专业技能训练指导

作　　者　孙万库　主编

策划编辑　魏　巍　赵　中　　　**责任编辑**　韩元凤

封面设计　郑　川　李尘工作室　　　**责任校对**　王晓凤

出版发行　中国农业大学出版社

社　　址　北京市海淀区圆明园西路2号　　　**邮政编码**　100193

电　　话　发行部010-62818525,8625　　　读者服务部010-62732336

编辑部010-62732617,2618　　　出　版　部010-62733440

网　　址　http://www.cau.edu.cn/caup　　　**E-mail** cbsszs@cau.edu.cn

经　　销　新华书店

印　　刷　涿州市星河印刷有限公司

版　　次　2016年3月第1版　2023年11月第3次印刷

规　　格　787×980　16开本　12.5印张　230千字

定　　价　25.00元

国家中等职业教育改革发展示范校核心课程系列教材
建设委员会成员名单

编写人员

主　编　孙万库

副主编　卜秀艳　刘敬霖　逄振茹

序言

职业教育是“以服务发展为宗旨,以促进就业为导向”的教育,中等职业学校开设的课程是为课程学习者构建通向就业的桥梁。无论是课程设置、专业教学计划制定、教材选择和开发,还是教学方案的设计,都要围绕课程学习者将来就业所必需的职业能力形成这一核心目标,从宏观到微观逐级强化。教材是教学活动的基础,是知识和技能的有效载体,它决定了中等职业学校的办学目标和课程特点。因此,教材选择和开发关系着中等职业学校的学生知识、技能和综合素质的形成质量,同时对中等职业学校端正办学方向、提高师资水平、确保教学质量也显得尤为重要。

2015 年国务院颁布的《关于加快发展现代职业教育的决定》提出:“建立专业教学标准和职业标准联动开发机制,推进专业设置、专业课程内容与职业标准相衔接,形成对接紧密、特色鲜明、动态调整的职业教育课程体系”等要求。这对于探索职业教育的规律和特点,推进课程改革和教材建设以及提高教育教学质量,具有重要的指导作用和深远的历史意义。

目前,职业教育课程改革和教材建设从整体上看进展缓慢,特别是在“以促进就业为导向”的办学思想指导下,开发、编写符合学生认知和技能形成规律,体现以应用为主线,符合工作过程系统化逻辑,具有鲜明职教特色的教材等方面还有很大差距。主要是中等职业学校现有部分课程及教材不适应社会对专业技能的需要和学校发展的需求,迫切需要学校自主开发适合学校特点的校本课程,编写具有实用价值的校本教材。

校本教材是学校实施教学改革对教学内容进行研究后开发的教与学的素材,是为了弥补国家规划教材满足不了教学的实际需要而补充的教材。抚顺市农业特产学校经过十多年的改革探索和两年的示范校建设,在课程改革和教材建设上取得了一些成就,特别是示范校建设中的 18 本校本教材现均已结稿付梓,即将与同行和同学们见面。

本系列教材力求以职业能力培养为主线,以工作过程为导向,以典型工作任务和生产项目为载体，对接行业企业一线的岗位要求与职业标准，用新知识、新技术、新工艺、新方法，来增强教材的实效性。同时还考虑到学生的起点水平，从学生就业够用、创业适用的角度，使知识点及其难度既与学生当前的文化基础相适应，也更利于学生的能力培养、职业素养形成和职业生涯发展。

本套校本教材的正式出版，是学校不断深化人才培养模式和课程体系改革的结果，更是国家示范校建设的一项重要成果。本套校本教材是我们多年来按农时季节、工作程流、工作程序开展教学活动的一次理性升华，也是借鉴国内外职教经验的一次探索，这里面凝聚了各位编审人员的大量心血与智慧。希望该系列校本教材的出版能够补充国家规划教材，有利于学校课程体系建设和提高教学质量，能为全国农业中职学校的教材建设起到积极的引领和示范作用。当然，本系列校本教材涉及的专业较多，编者对现代职教理念的理解不一，难免存在各种各样的问题，希望得到专家的斧正和同行的指点，以便我们改进。

该系列校本教材的正式出版得到了蒋锦标、刘瑞军、苏允平等职教专家的悉心指导，同时，也得到了中国农业大学出版社以及相关行业企业专家和有关兄弟院校的大力支持，在此一并表示感谢！

教材编写委员会

2015 年 8 月

前言

现代农艺技术专业的实践技能是该专业学生就业就职需掌握的重要技能。现代农艺技术专业技能训练指导是现代农艺技术专业的专业实践课程，是与植物技术、土壤与肥水管理、农艺产品生产、种子生产技术、农艺植物病虫害防治等专业课程配套的专业实践课程，与其共同构筑了现代农艺技术专业课程体系的主体。其任务是通过现代农艺技术的技能训练和学习，使学生验证和巩固现代农艺技术专业所需要的理论知识，掌握现代农艺技术专业的专业技能训练方法和技术，在培育学生的实践动手能力方面发挥重要作用，并能在就业就职后胜任本专业所要求的实践操作工作。

中职教育是以就业为主，培育现代农业技术工人和初级管理者的教育。习近平总书记在党的二十大报告中指出“科技是第一生产力、人才是第一资源、创新是第一动力”，“实施科教兴国战略，强化现代化建设人才支撑”。人才是引领行业发展的第一资源，面对现代农艺发展的现状，人才培养要满足就业岗位的知识、能力和素质的综合需求，并突出职业技能的重要性。以往教材学科内独自体系较完整，重理论轻实践，学科互融性较差，理论与实践脱节，致使教材不能适应现代农艺发展的要求而落后于生产实践。教学中，教师为主体，以理论灌鸭式教学为主，学生无学习自主性和主动性，达不到中职教育对学生实践技能的要求以及创新能力培养的目标。学生则是虽有课程的知识和技能，但到生产岗位不能随心应用，表现为工作能力低下。为避免和解决上述问题，本教材在开发设计时，依据专业学科间自身的逻辑性和系统性，尝试以现行的课程设计理念，根据现代农艺生产第一线进行的调研数据，以生产任务为载体设计学习项目和任务并重新序化课程体系，设计出以能力、知识和素质等目标为内涵来构建任务内容，按照“教、学、做、评”同步进行来设计教学活动，使该教材具有实用性和前瞻性。该教材的实施需有良好的教学团队和实训基地条件，适合于实现产学结合及岗位育人为教学目标的教育模式。

本教材由抚顺市农业特产学校孙万库担任主编，卜秀艳、刘敬霖、逄振茹担任副主编。编写工作分工如下：项目一由逄振茹高级讲师编写，项目二由刘敬霖高级讲师编写，项目三由卜秀艳高级讲师编写，项目四由孙万库讲师编写。

教材编写过程中得到抚顺市农业特产学校教材编写委员会的大力支持和指导，在此一并表示感谢！

因编写人员知识和经验有限，恳请各位读者批评斧正。

编　者

2023年11月

目录

项目一　植物的生长发育

【项目说明】

本教学项目属于基础知识技能训练模块，主要掌握植物细胞、组织、器官的形态及结构的基本知识；观察识别其形态、结构的基本技能，为其他专业课打好基础。训练时以校内实训室和实训基地为依托，理实结合，教学做一体化。结合多媒体教学、实验观察和利用课程网站引导学生自主学习，并通过布置综合性思考题的方式，巩固学生的基础知识和基本技能。

【学习目标】

1. 掌握植物细胞的形状大小、基本结构及繁殖方式；熟悉植物组织的类型、基本结构及组织系统；熟悉营养器官和繁殖器官的形态、结构及营养器官的变态。

2. 掌握显微镜的结构和使用方法；熟练进行植物细胞基本结构的观察识别、植物组织结构的观察识别；能对植物的营养器官和繁殖器官进行观察和识别。

【素质目标】

1. 培养学生热爱自然，并且保护自然的责任感。

2. 培养学生运用归纳分析方法，掌握植物生长发育的基础知识和基本技术，做到举一反三，切忌死记硬背，培养创新思维。

3. 在小组活动中培养学生团结协作精神和善于沟通的社会能力。

4. 培养学生运用辩证唯物主义观点分析问题和解决问题的能力。

任务一　光学显微镜的构造和使用方法

知识目标：了解各种显微镜的基本知识。

能力目标：掌握光学显微镜的使用方法和保养措施，了解实体显微镜的结构和使用方法。

一、实训目标

1. 熟悉显微镜的结构，了解各个部件的作用。

2. 掌握显微镜的使用方法及保养措施。

3. 学会生物绘图的基本方法。

二、实训准备

洋葱表皮细胞制片或其他标本片，光学显微镜、擦镜纸、二甲苯(有毒)。

三、实训方式

根据显微镜实物，对照图 1-1 显微镜的构造图，认识显微镜的各部件，依照“显微镜的使用方法”进行操作练习。

四、实训实施

(一)光学显微镜的结构

光学显微镜由机械部分和光学部分组成。如图 1-1 所示。

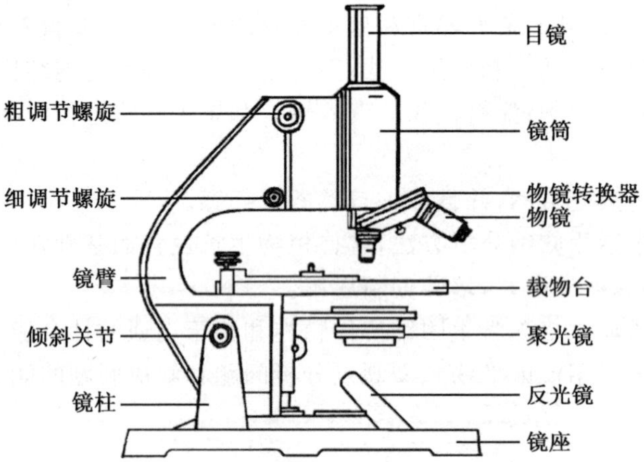

图 1-1 显微镜的构造图

1. 机械部分

包括：镜座、镜柱、镜臂、镜筒、物镜转换器、载物台、倾斜关节、调焦装置(粗、细调节螺旋)。

(1)镜座 是显微镜的底座，支持整个镜体，使显微镜放置平稳。

(2)镜柱 镜座上面直立的短柱，支持镜体上部的各部分。

(3)镜臂 弯曲如臂，下连镜柱，上连镜筒，为取放镜体时手握的部分。直筒显微镜的镜臂下端与镜柱连接处有一活动关节,可使镜体在一定范围内后倾,便于观察。

(4)镜筒　上端置目镜,下端与物镜转化器相连。

(5)物镜转换器　连接于镜筒下端的圆盘,可自由转动,盘子有3～4个安装物镜的螺旋孔。当旋转转换器时,物镜即可固定在使用的位置上,保证物镜与目镜的光线合轴。

(6)载物台　放置标本片的平台,中央有一通光孔,两侧有压片夹或机械移动器,既可固定玻片标本,也可以前后左右各方向移动。

(7)调焦装置　调节物镜和标本之间的距离,得到清晰的物像。在镜臂两侧有粗、细调节螺旋各1对,旋转时可使镜筒上升或下降,大的一对为粗调节螺旋,旋转一圈可使镜筒移动2 mm左右。小的一对为细调节螺旋,旋转一圈可使镜筒移动0.1 mm。

(8)聚光器调节螺旋　镜柱一侧,旋转它时可使聚光器上下移动,借以调节光线的强弱。

2.光学部分

包括:物镜、目镜、反光镜、聚光器。

(1)物镜　物镜为接近标本片的透镜。物镜分为低倍镜、高倍镜、油镜三种。低倍镜一般有8、10、20;高倍镜一般有40、45、50;油镜一般有90、95、100。

(2)目镜　目镜为观察时眼睛接近的透镜,上面刻有放大倍数,如5×、10×、15×等,每台显微镜通常有2～3个目镜。

(3)反光镜　普通光学显微镜的取光设备。圆形双面镜,一面为平面镜,在光线较强时使用;另一面为凹面镜,在光线较弱时使用。

(4)聚光器　安装在载物台下,由聚光镜和彩虹光圈组成,作用是将光源经过反光镜反射来的光线聚集于标本上,从而得到较强的照明。

(二)光学显微镜的使用方法

(1)取镜　取显微镜时右手握紧镜臂,左手托镜座,保持镜身直立,轻轻放置在离实验台边缘4 cm的桌面上,镜臂对着左肩。放置妥当后应检查各部分是否完好。

(2)对光　转动粗调节轮,使镜筒升高,然后将低倍物镜对准载物台的圆孔,开大光圈,以左眼向目镜内观察(右眼保持睁开),并转动反光镜寻找光源,注意调节聚光器或选用光圈盘上合适的圆孔,使整个视野的亮度适宜、均匀为止。

(3)放片　把标本片放在载物台上,将所要观察的部分对准物镜,然后用压片夹固定(或者移动载物上的推进器,使切片在视野范围内)。

(4)低倍镜的使用　转动粗调节螺旋,使物镜逐渐接近标本片为止,然后观察目镜视野,慢慢转动粗调节螺旋使镜筒逐渐离开标本片,调节至物像出现为止,再转动细调节螺旋至物像清晰。物像为倒像,标本片的移动方向与物像的移动方向相反。

(5)高倍镜的使用　在低倍镜下看清物像后,把观察的部位移至视野中央,直接转换高倍镜进行观察,若不清晰,可微微调节细调节螺旋至物像清晰。如果看不见物像,可转动细调节螺旋使物镜贴近标本片,然后转动粗调焦螺旋直至物像出现,再转动细调节螺旋至物像清晰。

(6)显微镜放大倍数的计算

$$显微镜放大倍数=目镜放大倍数\times物镜放大倍数$$

(7)还镜　显微镜使用完毕应适当升高物镜,使物镜旋离通光孔,竖直反光镜,放回柜内。

(三)使用光学显微镜的注意事项

(1)拿显微镜要做到“一握、一托、镜身直”,取用过程避免碰撞。

(2)显微镜下观察的标本片应盖上盖玻片。

(3)临时标本片制好后,必须用吸水纸吸净盖玻片外面的试液,方可置于载物台上。若标本片需补充试液,必须从载物台上取下,方可滴加试液,严防酸碱等试液腐蚀镜头和载物台。

(4)加热处理的标本片应冷却后,方可置于显微镜下观察。

(5)降低镜筒时,宜慢不宜快,一定要注视物镜和玻片之间的距离,防止压破玻片损坏镜头。

(6)从高倍物镜下取标本片时,必须先提升镜筒,将高倍物镜转离通光孔,方可取出。

(7)光学部分不得随意拆卸和互换。

(8)显微镜应保持清洁,机械部分的灰尘应用清洁的软布擦拂。透镜上的灰尘可用吹气球吹去或用擦镜纸顺着镜头的直径方向擦去,禁止用手指或手帕擦拭。

(9)显微镜应存放于干燥、避光的地方。

(四)显微镜的操作练习

对显微镜构造和使用方法有了初步了解后可进行下列操作练习:

(1)取“字母”制片,放在低倍镜下观察,按照显微镜使用方法,找到所要观察的物像，此时，放大的物像是否为倒像？把制片向左和向右移动，物像移动的方向与制片移动的方向是否一致。反复多次练习，掌握移动制片使物像保持在中央的规律。

(2)取洋葱表皮制片，按显微镜使用方法反复操作练习。

(五)生物绘图训练

生物绘图要求科学、准确。图的大小及其在纸上分布的位置要适当。绘图需用铅笔。绘图时左眼看镜，右眼看图，先轻轻勾画出图形的轮廓，确认无误时，再细画各部分，并注明。图的阴暗及颜色的深浅可用细点表示。整个图形在科学、准确的前提下，力求整齐、美观。

五、实训成果

1.填注显微镜(空白)构造图。

2.初步练习绘出细胞结构简图，并注明各部分结构的名称。

六、实体显微镜的使用与保养

实体显微镜又叫解剖显微镜。它是研究植物学等有关生物科学的必备工具。它除了具有一般显微镜能把物体放大之外，被检物体可不经切片，放在镜下直接观察，显示出立体感较强的形态特点，补足了一般生物显微镜所达不到的要求，从而对标本的整体性有全面的理解。因此，在生物实验室常用于植物(或其他生物)的形态观察和解剖。

(一)实体显微镜的构造

实体显微镜的基本结构都是由底座、支柱、镜体、目镜套筒及目镜、物镜、调焦螺旋、紧固螺丝和载物圆盘等组成。现以国产 XTB-1 型连续变倍实体显微镜说明。整个显微镜由光学系统和机械装置两部分组成。

(1)光学系统　为显微镜的主要部分。它包括目镜(双目镜、直角棱镜组)、目镜调焦环、倍率调节圈、2×大物镜等部分。

(2)机械装置　为显微镜的支持部分。它包括底座、工作台板、压片簧、固定支柱、锁紧手轮、活动支柱和升降手轮等部分。参考图 1-2。

(二)实体显微镜的使用方法

根据物体颜色，选择工作台黑白其中之一面，将被检物放在工作台上。

选择适宜的放大倍数，换上所需目镜 80×以下可卸下 2×大物镜(工作距离为

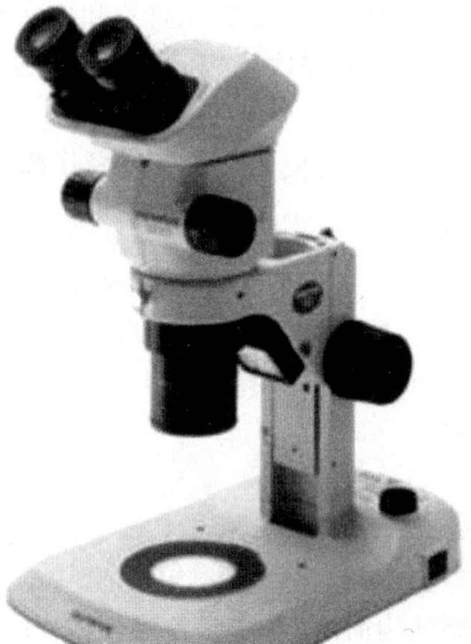

图 1-2 实体显微镜

87 mm)。

加上 2×大物镜放大倍率达 160×(工作距离为 26 mm),松开锁紧手轮,调好工作距离后再锁紧固定。

操作时,将被检物移至工作台板中心,转动升降手轮,使左侧目镜能看到清晰物像,此时如右侧目镜看不清物像,可转动目镜调焦环使其两目镜同时清晰。调焦后即可获得具有立体感的清晰图像。

根据观察需要可任意调节放大倍数。转动倍率调节圈来实现。其放大倍数可在读数圈上读取。

(三)实体显微镜的保养方法

实体显微镜必须置于干燥、无灰尘、无酸碱蒸气的地方,特别应做好防潮、防尘、防霉、防腐蚀的保养工作;移动时,必须一手紧握支柱,一手托住底座,保持镜身垂直,轻拿轻放。使用前需要掌握其性能,使用中按规程操作,使用后清洁镜体,按要求放入镜箱内;透镜表面有灰尘时,切勿用手擦,可用吹气球吹去,或用干净的毛笔、擦镜纸轻轻擦去。透镜表面有污垢时,可用脱脂棉沾少许乙醚与酒精的混合液或二甲苯轻轻擦净。

任务考核评价：

显微镜的构造及使用技术考核评价表

学生姓名：　　　　班级：　　　　学号：

指导教师：　　　　填表日期：　　　　年　　月　　日

实训任务：

实训过程考核（70分）	赋分标准	分值	得分
专业技能	能认识显微镜的各个部件，并了解其作用。	10	
	掌握显微镜的使用方法。	15	
	熟悉显微镜的保养方法。	10	
学习态度	能及时独立完成作业和实训报告。	10	
	能完成预习内容并查找相关资料。	5	
素质能力	爱护实训设施设备，遵守实训要求。	4	
	在实训任务过程中踏实肯干，态度端正，具有责任心。	4	
	认真研究实训内容，在完成实训任务的过程中积极主动，严肃认真。	4	
	在分组活动中能根据任务需要，团结协作，具有团队意识。	4	
	在实训中愉快接受任务并与他人愉快合作，善于沟通。	4	
实训成果考核（30分）	能正确、熟练地使用显微镜，并在规定时间内找到物像。	10	
	显微镜各部件完好无损、清洁、归位。	10	
	写出实训报告。	10	
总评		100	

任务二　植物细胞基本结构的观察

知识目标：

1. 了解细胞的形状、大小及细胞内的生命物质。
2. 掌握细胞的基本结构、常见细胞器的结构与功能。

3. 熟悉细胞主要繁殖方式。

能力目标：

1. 能借助显微镜观察细胞的基本结构。
2. 初步掌握临时装片及涂片技术。
3. 熟练生物绘图方法。

一、实训目标

1. 制作临时装片。
2. 观察洋葱鳞叶表皮细胞的基本结构。
3. 认识淀粉粒及质体。
4. 认识细胞有丝分裂各期的主要特点。
5. 绘细胞基本结构图。

二、实训准备

洋葱、鸭跖草叶、刺菜叶、马铃薯等新鲜材料；洋葱根尖纵切片；显微镜、载玻片、盖玻片、纱布、镊子、滴管、剪刀、刀片、解剖针、吸水纸、擦镜纸；碘-碘化钾试液、蒸馏水等用品。

三、实训方式

根据学校的实验条件，选择相应的材料、用品，制作临时装片，观察细胞基本结构，进行生物绘图训练。

四、实训实施

(一)制作临时装片

观察鳞叶、叶片、萼片、花瓣等的表皮组织通常采用撕取表皮的方法制成临时装片。

取载玻片和盖玻片各一片，用纱布轻轻擦净，盖玻片薄脆易碎，擦拭时要特别小心，用力要轻而均匀，用滴管吸蒸馏水一滴放载玻片中央，备用。取洋葱鳞茎，用刀纵切成数分。取一块鳞叶，用镊子撕下透明的内表皮，剪成长约 5 mm、宽约 3 mm 的一片，置于载玻片的水滴中，用解剖针展平。用镊子夹住盖玻片的一边，或以拇指和食指持住盖玻片相邻两角，使它的另一边接触载玻片上的水滴，然后慢慢盖下。如果盖玻片下有气泡,可用镊子轻压盖玻片赶出气泡,或者用镊子揭开盖玻片按上面的方法重盖,直到制好的装片无气泡。如果盖玻片下面的水过多可用吸水纸从盖玻片的一侧吸去,如果水过少,可用滴管从侧面补充,洋葱表皮细胞的临时装片制好。

(二)观察洋葱鳞叶表皮细胞

将做好的洋葱表皮细胞临时装片,置显微镜下观察,可见表皮是由许多长方形的细胞组成,排列比较整齐。表皮细胞的构造如下:

(1)细胞壁　每个长方形细胞的四周壁即为细胞壁。

(2)细胞质和液泡　细胞质为细胞壁内无色、半透明的液胶体部分,其中存在着液泡。通常细胞质和液泡不易分辨,可在盖玻片的一侧滴加中性红试液一滴,在另一侧用吸水纸吸,使试液流入,细胞质被染成红色,液泡则呈淡红色(即红色细胞质之间的淡红色部分为液泡),适当调暗光线,反复调节细调节螺旋,方能看到细胞质与液泡的界限。

(3)细胞核　细胞核沉没在细胞质中,有的位于细胞中央,呈球形;有的位于细胞边缘或紧贴细胞壁,形状常发生变化,如呈扁球形,半圆形等。如果不易观察,可加碘－碘化钾碘试液一滴染色,可见细胞核染成黄褐色,核中圆球形的颗粒即是核仁。

(三)涂片的制作

切取马铃薯一小块,用刀片刮取少许混浊液,置于载玻片上,或用切好的马铃薯块直接涂片,加蒸馏水一滴,盖上盖玻片,马铃薯淀粉粒涂片做好,备用。

(四)观察马铃薯淀粉粒

将做好的马铃薯淀粉粒涂片置显微镜下观察,可见马铃薯淀粉粒中大多数为单粒,少数为复粒,个别为半复粒。单粒多呈大小不等的卵形颗粒,较小的单粒则呈圆形。单粒有一个明亮的脐点,脐点常偏于较小的一端,并由明暗交替的层纹所环绕。复粒由两个或几个单粒组成,即有两个或几个脐点,脐点周围只有自己的层纹而无共同的层纹。半复粒与复粒的区别是每个脐点除有自己的层纹外,还有共同的层纹,淀粉粒观察清楚后,加稀格兰姆氏碘液一滴,可见淀粉粒被染成蓝色。

(五)观察植物细胞中的质体

(1)观察叶绿体　取刺菜或菠菜等新鲜绿叶,撕取表皮一小块(带有绿色叶肉的部分)或挑取少量叶肉细胞,制成临时装片,置显微镜下观察可见细胞里有很多绿色椭圆形颗粒,即为叶绿体。

(2)观察白色体　同样取鸭跖嫩叶撕取下表皮制成临时装片,置显微镜下观察可见在细胞核周围有许多颗粒即为白色体。

(3)观察有色体　取新鲜的番茄或辣椒,挑取少量果肉置载玻片上压碎,制成临时装片,在显微镜下观察可见细胞里有许多红色的颗粒,即为有色体。

(六)观察细胞有丝分裂

取洋葱根尖纵切片用显微镜观察,先用低倍镜观察,找出分生区内处于间期和分裂期各相的细胞,换用高倍镜观察,可见有些细胞处于不同的分裂过程中,区分间期、分裂各期(前期、中期、后期和末期)的细胞,对照图示观察。

五、实训成果

1.绘洋葱表皮细胞结构图,并注明各部分名称。

2.绘马铃薯淀粉粒。

3.绘各种质体。

4.绘细胞有丝分裂各期各一个细胞,注明分裂时期。

任务考核评价:

植物细胞基本结构的观察考核评价表

学生姓名:　　　　班级:　　　　学号:

指导教师:　　　　填表日期:　　　　年　　月　　日

实训任务:

实训过程考核(70分)	赋分标准	分值	得分
专业技能	能掌握临时装片的制作方法。	10	
	掌握植物细胞的基本结构。	15	
	熟悉生物绘图方法。	10	
学习态度	能及时独立完成作业和实训报告。	10	
	能完成预习内容并查找相关资料。	5	

续表

实训过程考核（70分）	赋分标准	分值	得分
素质能力	爱护实训设施设备，遵守实训要求。	4	
	在实训任务过程中踏实肯干，态度端正，具有责任心。	4	
	认真研究实训内容，在完成实训任务的过程中积极主动，严肃认真。	4	
	在分组活动中能根据任务需要，团结协作，具有团队意识。	4	
	在实训中愉快接受任务并与他人愉快合作，善于沟通。	4	
实训成果考核（30分）	会制作临时装片。	7	
	借助显微镜认识细胞的基本结构。	15	
	写出实训报告。	8	
总评		100	

任务三　植物组织的观察

知识目标：

1. 熟悉分生组织的特点及类型。
2. 熟悉各种成熟组织的特点及作用。

能力目标：

1. 能借助显微镜识别分生组织的结构特点。
2. 能借助显微镜识别成熟组织的结构特点。

一、实训目标

1. 认识各种分生组织的结构特点及分布。
2. 认识各种成熟组织的结构特点及分布。

二、实训准备

显微镜、载玻片、盖玻片、剪刀、镊子等。洋葱根尖纵切片、南瓜茎纵切片、蚕豆叶(或其他新鲜叶片)。

三、实训方式

先熟悉显微镜的使用方法,然后根据学校现有的实验材料和用品,进行组织结构的观察、训练。

四、实训实施

(一)观察分生组织

(1)进一步熟悉显微镜的各个部件,按显微镜的使用方法从取镜、对光、放片、低倍镜使用、高倍镜使用进行操作。

(2)取洋葱根尖纵切片,用低倍镜观察,先找到根冠,根冠后面细胞较小、密集,颜色较深的部位,即为顶端分生组织,其细胞近乎等径、排列紧密,细胞壁薄、细胞质浓、细胞核大,位于细胞中央,细胞具有分裂能力。

(二)观察成熟组织

1.保护组织

(1)撕取蚕豆叶下表皮,制成临时装片。

(2)取制好的临时装片,在显微镜下观察,可见表皮细胞边缘呈波纹状互相嵌合、排列紧密;在表皮细胞间还分布着一些气孔,每个气孔是由两个半月形的保卫细胞组成。

(3)取单子叶植物小麦或水稻叶的表皮装片观察,表皮细胞形状规则,成行排列,气孔是由两个哑铃形的保卫细胞组成。

2.输导组织

(1)观察管胞　取油松幼茎的纵切片,在显微镜下观察,可以看到许多两端尖的长形细胞,这就是管胞,在每个管胞上面有许多圈这就是具缘纹孔。

(2)观察导管　取南瓜茎纵切片,在显微镜下观察被番红染成红色的、具有花纹而成串的管状细胞即是各种类型的导管。每个导管分子的端壁溶解形成穿孔,从而互相连接、上下贯通。

(3)观察筛管　取南瓜茎横、纵切片,在低倍镜下观察,南瓜茎为双韧维管束,具有内外维管束,分清木质部和韧皮部,筛管在韧皮部,为多边形管状薄壁细胞,常被染成蓝色,旁边常生有一个梭形细胞,即为伴胞。

3.机械组织

(1)观察厚角组织　取薄荷茎制片,在显微镜下观察,在表皮下有数层无细胞间隙的相邻细胞角隅处增厚,其增厚的部分颜色较暗,即为厚角组织。

(2)观察厚壁组织 取蚕豆茎做徒手切片,用盐酸间苯三酚染色,在显微镜下观察,可见每个维管束外方有成束的细胞着色,这就是韧皮纤维。

五、实训成果

1. 绘洋葱根尖顶端分生组织结构图,并注明。
2. 绘双子叶植物气孔结构图,并注明。
3. 绘导管结构图,并注明。

任务考核评价:

植物组织的观察考核评价表

学生姓名: 班级: 学号:

指导教师: 填表日期: 年 月 日

实训任务:

实训过程考核(70 分)	赋分标准	分值	得分
专业技能	熟悉分生组织的特点及类型。	10	
	熟悉各种成熟组织的特点及作用。	15	
	了解复合组织和组织系统等基本知识。	10	
学习态度	能及时独立完成作业和实训报告。	10	
	能完成预习内容并查找相关资料。	5	
素质能力	爱护实训设施设备,遵守实训要求。	4	
	在实训任务过程中踏实肯干,态度端正,具有责任心。	4	
	认真研究实训内容,在完成实训任务的过程中积极主动,严肃认真。	4	
	在分组活动中能根据任务需要,团结协作,具有团队意识。	4	
	在实训中愉快接受任务并与他人愉快合作,善于沟通。	4	
实训成果考核(30 分)	能识别各种分生组织的结构。	10	
	能识别成熟组织的结构特点。	10	
	写出实训报告。	10	
总评		100	

任务四 植物营养器官的观察

知识目标：

1. 掌握根、茎、叶的基本形状和类型；认识常见营养器官的变态。

2. 熟悉双子叶植物和单子叶植物根、茎、叶的基本结构。

能力目标：

1. 熟悉徒手切片法。

2. 能够识别植物根、茎、叶的形态和类型。

3. 能够识别根、茎、叶的变态类型。

4. 能借助显微镜认识根、茎、叶的结构，区别双子叶植物根、茎、叶和单子叶植物根、茎、叶的结构异同。

子任务一 观察根的形态及结构

一、实训目标

1. 熟悉根的徒手切片法。

2. 能够识别植物根系类型和根的变态。

3. 借助显微镜认识根尖分区及结构。

4. 借助显微镜认识双子叶植物根和单子叶植物根的结构特点。

二、实训准备

大豆根、水稻根、葱根、桔梗根、玉米或水稻籽粒、大豆或向日葵种子、小麦根尖纵切片、蚕豆幼根横切片、玉米根横切片。

三、实训方式

在学校的种植实习场或校外农民的种植的农作物、蔬菜、果树、花卉等地块。观察植物根的生长情况，并准备不同类型根的新鲜标本及切片等实验材料进行观察、训练。

四、实训实施

(一)制作根的徒手切片

(1)选材　选择软硬适中的植物根为材料，一般直径不超过 5 mm，切成长 2～3 cm 的小段，削平切面，备用。过于柔软或微小的材料，可夹入坚固而易切的夹持物中，常用胡萝卜根、土豆块。特坚硬的材料要经软化处理后再切。

(2)取材　取备好的材料，用左手的食指、拇指夹住材料，使之固定不动。为防止刀伤，拇指应略低于食指，并使材料上端超出手指 2～3 mm，不可高出过多，否则切片时材料容易弯折，也不容易切薄。右手大拇指和食指捏住刀片的右下角，刀口向内，并与材料切面平行，切片前先将材料和刀口上蘸些水，使之切时滑润。

(3)切片　左手保持不动，以右手大臂带动前臂使刀口自外侧左前方向内侧右后方拉切，同时观察切片的进展情况。注意只用臂力而不要用腕力或指关节的力量，不要两手同时拉动，两手不要紧靠身体或压在桌子上，并且动作要敏捷，材料要一次切下，切忌中途停顿或推前拖后作“拉锯”式切割。切片要求切得薄而平。如此连续切片，切下数片后，用湿毛笔将切片轻轻移入培养皿的清水中，然后选择最薄的切片染色装片。

(4)制片　将选择的切片放在载玻片上，滴上一滴番红液或龙胆紫等染色液，约 1 min，用吸水纸吸去多余的染色液，再滴两滴蒸馏水，稍微晃动，再用吸水纸吸去多余的水分，盖上盖玻片，即可镜检。

(二)观察根尖及分区

(1)培养材料　在实训前 1 周，取玉米或小麦籽粒浸水吸胀后，放在垫有湿透的过滤纸的培养皿里，加盖保湿，放在暖和的地方(15°～25°为宜)培养发芽，当幼根长到 1～2 cm 时即可用做实验材料。

(2)观察根尖的外形及分区　选择直而生长良好的幼根，截取先端 1 cm，置于载玻片上，下面放一块黑纸，用肉眼或放大镜观察它的外形和分区。

(3)观察根尖的内部结构　取小麦根尖纵切片，在显微镜下观察，从尖端往上按顺序进行观察。根尖的最先端微黄而略带透明的部分是根冠，呈帽状罩在分生区外面。紧接其后的是分生区，然后是伸长区，最后面是根毛区(成熟区)。

(三)观察双子叶植物根的初生构造

取蚕豆根的根毛区横切片(或用新鲜蚕豆幼根做徒手切片，制成临时切片)，先在低倍镜下区分出表皮、皮层和中柱三部分，再转至高倍镜下由外到内观察各部分的组织特征：皮层(外皮层、中皮层和内皮层)；中柱(中柱鞘、维管束，内含初生木质部、初生韧皮部)。

(1)表皮　最外一层由排列整齐的薄壁细胞构成,一些表皮细胞向外突起形成根毛。

(2)皮层　表皮以内的数层细胞,占幼根横切面的大部分,可分为三部分。靠近表皮的一层细胞较小,排列紧密,为外皮层;外皮层以内数层大而壁薄,有明显的胞间隙,称为中皮层;最内一层紧接中柱,称为内皮层。

(3)中柱　由四部分构成。

中柱鞘:紧贴内皮层的一层薄壁细胞,细胞较小,排列整齐。

初生木质部:位于根的中央部分,具有4～5个辐射角,辐射角尖端为原生木质部,中央为后生木质部。

初生韧皮部:位于初生木质部辐射角之间,原生韧皮部在外,后生韧皮部在内。

薄壁组织:位于初生木质部与初生韧皮部之间的一层薄壁细胞。

(四)观察单子叶植物根的初生构造

(1)观察玉米根　取玉米根尖横切片(或用新鲜玉米根毛区上方制作徒手横切片),先在低倍镜下区分出表皮、皮层和中柱三部分,然后再转高倍镜观察,由外到内识别各种组织。表皮;皮层:外皮层、中皮层、内皮层;中柱:中柱鞘、维管束(初生木质部、初生韧皮部)和髓。

(2)观察水稻根　同观察玉米根一样,取水稻根横切片观察,由于水稻长期适应水生环境,根的皮层组织中,胞间隙较大,并能形成气腔、气道,在老根中更加明显。

(五)观察根的变态

肉质根(肥大直根):萝卜、胡萝卜;块根:甘薯;支柱根:玉米;攀援根:常春藤;寄生根:菟丝子。

五、实训成果

1.绘小麦根尖纵切构造图,填写下列表格之空项。

根尖的分区	位置	细胞属于什么组织	细胞特点	功能

2.绘双子叶植物蚕豆幼根的初生构造图。
3.绘单子叶植物玉米根的初生构造图。
4.列表说明你知道的变态根的类型。

子任务二 观察茎的形态及结构

一、实训目标

1.能够识别茎的基本形态、各种芽的类型、茎的生长习性。
2.能够识别茎的变态类型。
3.借助显微镜认识单子叶植物和双子叶植物茎的结构特点。
4.了解茎的次生构造。

二、实训准备

新鲜材料:杨树枝条、胡桃枝条、丁香、落地生根、甘薯块根,三叶草、牛夕、蚕豆、大叶黄杨等幼嫩茎,马铃薯块茎,姜根状茎,藕根状茎,洋葱鳞茎,莴苣肉质茎,葡萄茎卷须,柑橘茎刺等。永久制片:向日葵幼茎横切片、向日葵老茎横切片、椴树三年生茎横切片、玉米茎横切片、小麦茎横切片、水稻茎横切片、松茎横切片、杉木茎三切面制片。

三、实训方式

在学校的种植实习场或校外农民的种植的农作物、蔬菜、果树、花卉等地块。观察植物茎的生长情况,并准备不同类型茎的新鲜标本及茎的切片等实验材料进行观察、训练。

四、实训实施

(一)观察芽的类型

取杨树枝条,观察位于顶端的芽——顶芽、位于叶腋的芽——腋芽,都是定芽。观察落地生根的叶生芽和甘薯的根生芽,为不定芽。观察丁香的花芽、杨树的叶芽、梨的混合芽,认识花芽、叶芽、混合芽。

(二)观察茎的形态

取2~3年生的木本植物胡桃枝条观察,节与节间、顶芽与侧芽、叶痕、叶迹、芽鳞痕、皮孔等的形态特点。注意区别植物的长枝与短枝以及不同植物的分枝方式。

(三)制作茎的徒手切片

选择软硬适中的植物茎切成 3 cm 长的小段，按根的徒手切片法操作，选择最薄的切片制成装片，备用。

(四)观察茎的构造

1. 双子叶植物茎的初生构造

取向日葵幼茎横切片在低倍镜下观察，从横切面上可分为表皮、皮层和中柱三部分，然后在高倍镜下仔细观察各部分结构。

(1)表皮　最外一层排列紧密整齐而形状较小的细胞，外壁有一层较厚的角质层，有的表皮细胞转化成表皮毛，在高倍镜下可看到气孔。

(2)皮层　表皮以内的多层细胞，靠近表皮下数层细胞常有叶绿体，并在细胞的角隅处增厚，为厚角组织，内侧数层细胞稍大，排列较为稀疏，为皮层薄壁细胞。注意皮层中有分泌腔分布。

(3)中柱　双子叶植物茎的中柱为皮层以内的所有组织，包括维管束、髓和髓射线等部分。维管束呈束状，多个维管束排成一环，每一个维管束包括初生韧皮部、束内形成层和初生木质部。用高倍镜观察，维管束外方是纤维细胞，往里是筛管、伴胞和韧皮薄壁细胞。束内形成层为整齐扁平的细胞。再往里面是初生木质部，可看到导管、管胞木纤维和木薄壁细胞。髓位于茎的中心，由许多薄壁细胞组成。髓射线位于两相邻维管束之间的薄壁组织。

2. 双子叶植物茎的次生构造

取椴树三年生茎横切片观察其次生结构。在低倍镜下观察，从外到内分：

(1)表皮　被挤破，不完整。

(2)周皮　表皮下数层扁平染成红褐色的细胞为木栓层，紧接木栓层的一二层薄壁细胞为木栓形成层。木栓形成层内方的一二层生活细胞，常含有叶绿体，即栓内层。

(3)皮层　外方为厚角组织，被染成紫红色，向内为薄壁组织，细胞内含有细胞后含物。

(4)韧皮部　在皮层和维管形成层之间。先找到呈圆环状的形成层环，其外围是次生韧皮部，成梯形，与排列成喇叭形的髓射线细胞相间排列。初生韧皮部应已经被破坏。

(5)形成层　排列紧密的一层或几层具有分生能力的细胞组成，呈环状。

(6)木质部　位于形成层以内，占有最大面积，次生木质部由同心环状年轮构成。一般每一年一轮，其中靠里面的细胞较大，细胞壁较薄，是一个生长季节中早期长成的称早材，靠外面的细胞小，胞壁加厚程度高，是后期形成的称晚材，次生木质部中有许多木射线通过，与韧皮射线相连，均为薄壁细胞。初生木质部紧靠髓部的一群小型细胞。

(7)髓　位于茎的中央，由薄壁细胞组成。

3. 单子叶植物茎的构造

单子叶植物茎大多数只有初生结构没有次生结构。取玉米茎横切制片，在显微镜下观察，从外到内分：

(1)表皮　为茎最外面的一层细胞，细胞壁上有发亮的硅质。表皮上有气孔，可观察到保卫细胞和副卫细胞。

(2)基本组织　在靠近表皮处有1～3层的厚壁组织，它们排成一保护环。厚壁组织里面是薄壁组织，细胞较大，具细胞间隙，其中散生许多维管束。

(3)维管束　散生于基本组织中，注意观察维管束的排列与大小，再仔细观察一个维管束的结构，分辨出韧皮部、木质部及导管的类型。

(五)观察茎的变态

(1)地下茎　块茎：马铃薯；鳞茎：洋葱；球茎：荸荠；根状茎：藕。

(2)地上茎　肉质茎：仙人掌；茎卷须：葡萄、黄瓜；茎(枝)刺：皂荚、山楂。

五、实训成果

1. 区分芽的类型及分枝方式，将你观察的树种按下列表格填写。

序号	植物名称	长、短枝	裸芽	鳞芽	叶芽	花芽	混合芽	分枝方式

2. 区分茎的形态中各个部位的名称。

3. 绘向日葵幼茎横切面图。

4. 绘椴树三年生茎横切面结构简图。

5.绘玉米茎横切面示意图,注明各部分结构。

6.列表说明你所知道的植物变态茎的类型。

子任务三　观察植物叶的形态及结构

一、实训目标

1.能够识别植物叶的形态、单叶和复叶、叶脉和叶序。

2.能够识别叶的变态类型。

3.借助显微镜观察单子叶植物和双子叶植物叶的结构特点。

二、实训准备

桃树叶、棉花叶、梨树叶、杨树叶、银杏叶、水稻叶、大豆叶、白三叶、大麻叶、槐树叶、柑橘叶等新鲜叶片。蚕豆叶或棉花叶的横切制片,小麦叶或水稻叶横切制片。洋葱、玉米苞叶、仙人掌刺、洋槐刺、豌豆卷须。

三、实训方式

在学校的种植实习场或校外农民的种植的农作物、蔬菜、果树、花卉等地块。观察植物叶的及其生长情况,并准备不同类型叶的新鲜标本及叶构造的切片等实验材料进行观察、训练。

四、实训实施

(一)观察叶的形态

(1)观察叶的组成　取桃叶、棉叶,观察,区分叶片、叶柄及托叶,认识完全叶。取瓜叶、向日葵叶观察,缺少托叶;取莴苣叶观察,缺少叶柄和托叶,认识不完全叶。取水稻叶观察,认识叶片、叶鞘、叶舌、叶耳。

(2)观察复叶　取大豆叶、三叶草叶观察、认识三出复叶;取大麻叶观察、认识掌状复叶;取刺槐观察,认识奇数羽状复叶;取花生叶观察,认识偶数羽状复叶。取柑橘观察,认识单身复叶。

(3)观察叶脉　平行脉:取玉米、水稻叶观察,认识直出平行脉;观察美人蕉、香蕉,认识羽状平行脉;观察车前子叶,认识弧形脉。网状脉:取大豆、苹果叶观察,认识羽状网脉;观察葡萄叶,认识掌状网脉。

(4)观察叶序　互生:观察玉米茎,每个节上都只生一片叶。对生:观察丁香枝条每个节上都生有 2 片叶。轮生：观察夹竹桃，每个节上生有 3 片或 3 片以上的叶。簇生：观察落叶松，许多叶从生于在节间极度缩短的短枝。基生：观察蒲公英，叶自植物体的基部发出，常呈莲座状。

(二)观察叶的结构

1. 双子叶植物叶的结构

取蚕豆叶或棉花叶横切制片，在显微镜下观察下列各部分：

(1)表皮　最外一层细胞组成，外壁具角质层，不含叶绿体，此外还有一种成对的染色深的细胞，即气孔器。

(2)叶肉　栅栏组织由含有叶绿体排列紧密长圆柱状细胞构成。海绵组织由排列疏松的近圆形含较小叶绿体的细胞组成，细胞间隙发达与气室相通。

(3)叶脉　在叶肉中的维管束就是叶脉，中央粗大的为主脉，选主脉观察，有形成层。

2. 单子叶植物叶的结构(禾本科植物叶)

取小麦或水稻叶横切片观察包括表皮、叶肉、叶脉。

(1)表皮　上表皮分布有扇形的运动细胞。

(2)叶肉　无栅栏组织和海绵组织之分，称等面叶，内含叶绿体。

(3)叶脉　维管束无形成层，每个维管束外面都有维管束鞘。

(三)观察叶的变态

取洋葱观察，认识鳞叶；取玉米叶观察，认识苞叶；观察仙人掌，认识叶刺；观察洋槐，认识托叶刺；观察豌豆羽状复叶先端的卷须，认识叶卷须。

五、实训成果

1. 以下列表格的形式举例说明叶片的形状、单叶与复叶、叶序、叶脉及叶缘。

序号	植物名称	叶序	单叶或复叶类型	叶片形状	叶脉类型	叶缘

2.绘双子叶植物叶的横切面图。

3.绘单子叶植物叶的横切面图。

4.列表说明你所知道的变态叶有哪些类型。

任务考核评价:

植物营养器官的观察考核评价表

学生姓名:　　　　班级:　　　　学号:

指导教师:　　　　填表日期:　　　　年　　月　　日

实训任务:

实训过程考核(70分)	赋分标准	分值	得分
专业技能	掌握根、茎、叶的基本形态和类型。	10	
	熟悉双子叶植物和单子叶植物根、茎、叶的基本结构。	15	
	掌握常见营养器官的变态类型。	10	
学习态度	能及时独立完成作业和实训报告。	10	
	能完成预习内容并查找相关资料。	5	
素质能力	爱护实训设施设备,遵守实训要求。	4	
	在实训任务过程中踏实肯干,态度端正,具有责任心。	4	
	认真研究实训内容,在完成实训任务的过程中积极主动,严肃认真。	4	
	在分组活动中能根据任务需要,团结协作,具有团队意识。	4	
	在实训中愉快接受任务并与他人愉快合作,善于沟通。	4	
实训成果考核(30分)	能识别根、茎、叶的形态和类型。	10	
	借助显微镜认识根、茎、叶的结构特点。	10	
	写出实训报告。	10	
总评		100	

任务五 植物繁殖器官的观察

知识目标

1.熟悉花的基本组成，区别双子叶植物花和单子叶植物花，熟悉花序的类型，了解花的发育过程。

2.熟悉果实的类型，了解果实的发育，能区别真果与假果。

3.熟悉种子的结构和类型，了解种子的发育及传播的方式。

能力目标

1.能识别花的形态，花序的类型。

2.能识别常见果实的类型，区分真果与假果。

3.能识别常见种子的类型。

子任务一 观察植物花的形态及结构

一、实训目标

1.识别各种类型的花。

2.认识花冠的类型、花序的类型。

3.了解花药和子房的构造。

二、实训准备

桃、槐、油菜、向日葵、串红、蜀葵等植物的花，各类型花序的新鲜标本或制作的标本及图片；百合花药横切片、百合子房横切片。

三、实训方式

在学校的种植实习场或校外农民种植的农作物、蔬菜、果树、花卉等地块，观察植物花的发育过程，并准备不同类型花的新鲜标本及花的切片等实验材料进行观察、训练。

四、实训实施

(一)观察双子叶植物的花(图 1-3)

取桃花、油菜花等各种类型花的新鲜样本或制作的标本观察,认识花萼、花冠、雄蕊、雌蕊。取油菜花在放大镜下观察其外形,由外向内逐项观察下列各部分。

花萼:四个绿色的分离的萼片组成。

花冠:四个黄色的分离的花瓣组成。

雄蕊群:六个雄蕊组成,四长二短,为四强雄蕊,每个雄蕊包括花药和花丝。

雌蕊:可分为柱头、花柱和子房三部分组成。

花托:以上四个部分共同着生之处,略为膨大部分。

花柄:在花托下面,花与茎连接部分。

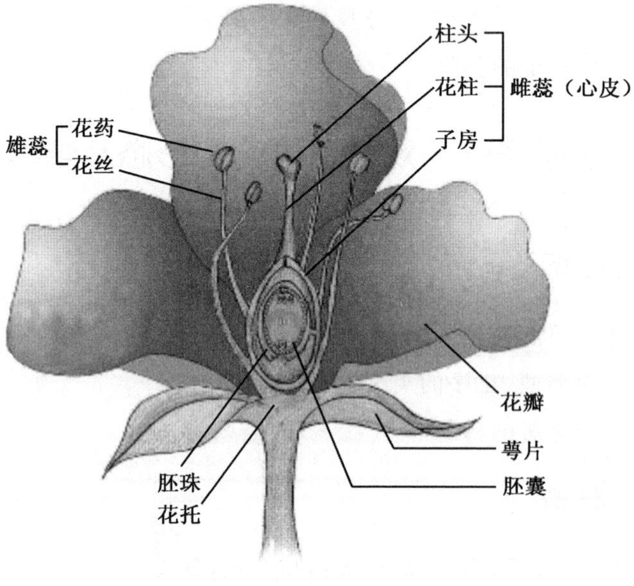

图 1-3 花的组成

(二)观察禾本科植物的花

取玉米或水稻花解剖观察可看到:外稃、内稃、浆片、雄蕊、雌蕊。

(三)观察花冠的类型

取刺玫花、油菜花、打碗花、南瓜花、番茄花、槐树花、串红花、向日葵花(中央的花)、蒲公英花观察,认识蔷薇状花冠、十字形花冠、漏斗状花冠、钟状花冠、辐状花冠、蝶形花冠、唇形花冠、管状花冠、舌状花冠。

(四)观察花序的类型

取各种类型花序的新鲜标本或制作的标本,观察花序的类型:如荠菜(总状花序)、车前(穗状花序)、杨树(柔荑状花序)、马蹄莲(肉穗花序)、向日葵(头状花序)、绣线菊(伞形花序)、胡萝卜(复伞形花序)、梨(伞房花序)、无花果(隐头花序)、唐菖蒲(单歧聚伞花序)、石竹(二歧聚伞花序)、天竺葵(多歧聚伞花序)等。

(五)观察花药的构造(图 1-4)

取百合花药横切制片,在显微镜下观察下列各部分:

花粉囊:百合花药有四个花粉囊,呈碟形,花粉囊里面是药室,即两对药室,包含着花粉粒。成熟的花粉囊,两个相邻花粉囊之间的隔消失,两个花药打通,合成一个大腔,花粉粒即可散出。

花粉粒:具有内层壁和外层壁。外壁上有萌发孔。

药隔:在花药中部有一维管束通过。

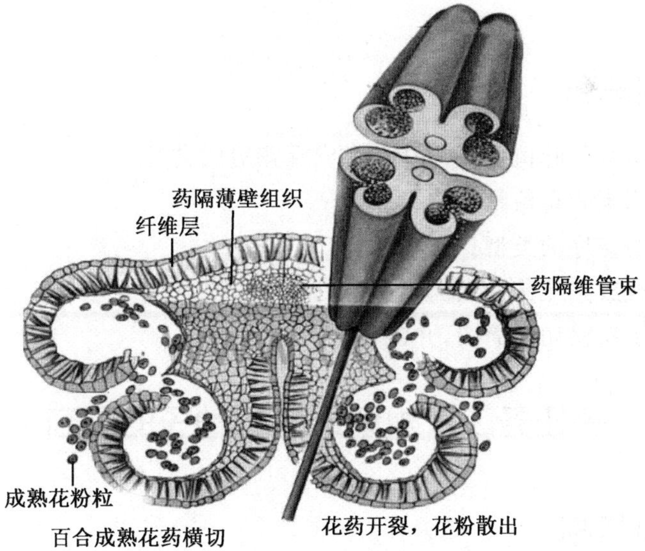

图 1-4 百合成熟花药构造

(六)观察子房的构造(图 1-5)

取百合子房的横切制片，在显微镜下观察，百合子房由三个心皮组成三室，注意识别心皮、胎座、子房室、胚珠等。然后换高倍镜观察胚珠的形状和结构。

选一清晰的倒生胚珠观察，中央为珠心，珠心中有胚囊。珠心外包有两层珠被（内、外珠被）。在胚珠的顶端有珠孔。珠心和珠柄基部连合不分的地方叫合点。

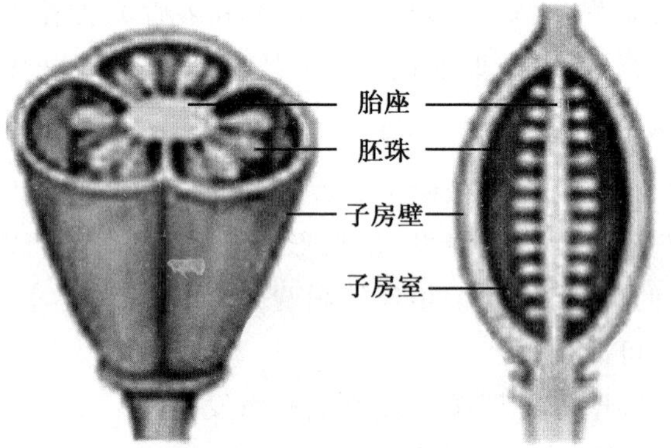

图 1-5　子房结构示意图

五、实训成果

1. 举例说明双子叶植物花的基本组成及花冠的类型。
2. 举例说明禾本科植物花的组成。
3. 举例说明花序的类型。
4. 绘幼嫩或成熟花药横切面简图，并注明。
5. 绘百合子房横切面简图，并注明。

子任务二　观察果实和种子的形态

一、实训目标

1. 识别常见果实的类型。
2. 区分真果与假果。
3. 识别常见种子的类型。

二、实训准备

苹果、梨、桃、柑橘、李、杏、番茄、黄瓜、板栗等果实，茶条槭和榆树的果实，花生、草莓、八角、桑葚、无花果等果实，向日葵、玉米、蜀葵的果实等。准备浸泡的蚕豆种子、玉米籽实。

三、实训方式

在学校的种植实习场或校外农民种植的农作物、蔬菜、果树、花卉等地块，观察植物果实、种子的发育过程，并准备不同类型果实、种子的新鲜标本等实验材料进行观察、训练。

四、实训实施

1. 观察真果与假果

取桃（或豆类的荚果）观察，认识真果，完全由子房发育而成的果实；观察苹果，认识假果，除子房外花托、花萼或花序也参与果实的形成。

2. 观察肉果（果皮肉质、多汁液）

取番茄、葡萄观察，认识浆果；取黄瓜、南瓜观察，认识瓠果；取桃、杏观察，认识核果；取橘子、橙子观察，认识柑果；取苹果、梨观察，认识梨果。

3. 观察干果（成熟时，果皮干燥，开裂或不开裂的果实）

取大豆、花生观察，认识荚果；取油菜、白菜观察，认识角果；取棉花、芝麻观察，认识蒴果；取八角观察，认识蓇葖果；取向日葵观察，认识瘦果；取板栗观察，认识坚果；取玉米、小麦观察，认识颖果。

4. 观察聚合果

取草莓观察，认识聚合果，由许多小果聚生在同一花托上形成的果实。

5. 观察聚花果

取无花果、菠萝观察，认识聚花果，由花序发育而成的果实。

6. 观察双子叶有胚乳种子——蓖麻（图 1-6）

小心剥去外种皮，其内有一层白色的薄膜为内种皮，其内肥厚部分为胚乳。用刀片把胚乳剖为两瓣；可以看到叶脉显著的子叶平铺在胚乳下；子叶下端的小突起物为胚根。

7. 观察双子叶无胚乳种子——蚕豆（图 1-7）

取吸胀了的蚕豆观察，最外面是种皮，其上由种脐、种孔。剥去种皮里面全部是胚，可看到胚是由胚根、胚轴、胚芽、子叶组成。

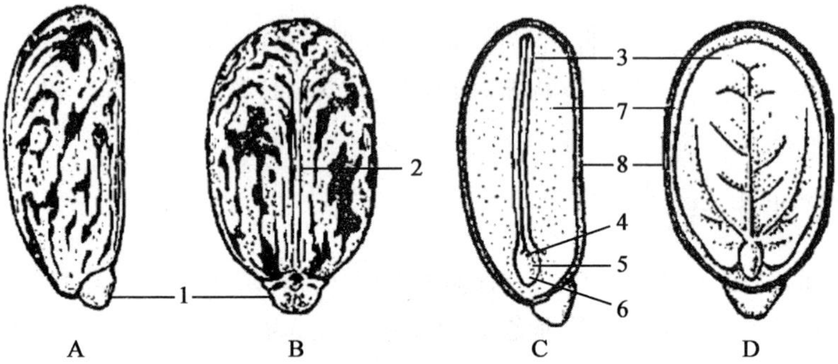

图 1-6 蓖麻种子

A. 侧面观　B. 正面观　C、D. 解剖图

1. 种埠　2. 种脊　3. 子叶　4. 胚芽　5. 胚轴　6. 胚根　7. 胚乳　8. 种皮

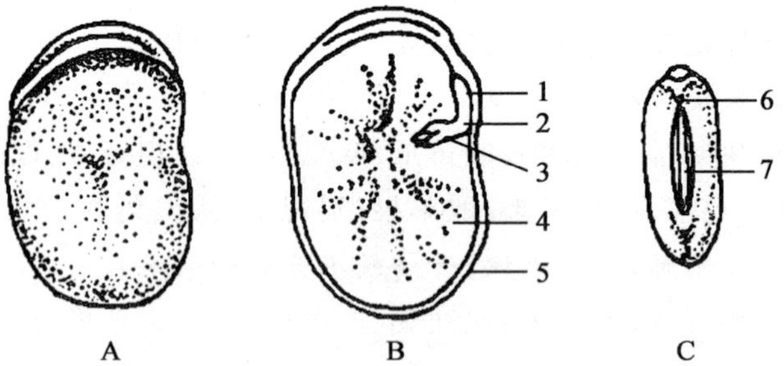

图 1-7 蚕豆种子

A. 正面观　B. 解剖图　C. 侧面观

1. 胚根　2. 胚轴　3. 胚芽　4. 子叶　5. 种皮　6. 种孔　7. 种脐

8. 观察单子叶有胚乳种子——小麦(图 1-8)

小麦粒实为颖果，它的果皮和种皮完全愈合，不易分开。取泡胀了的小麦粒切开观察，最外面的是果皮和种皮；然后是胚乳，占据大部分；胚在一端，占一小部分，它由胚根、胚轴、胚芽和子叶四部分组成，但子叶只有一个，在靠近胚乳一面，因呈盾形，也叫盾片；此外胚芽和胚根外都包着一套状的组织，即胚芽鞘和胚根鞘。

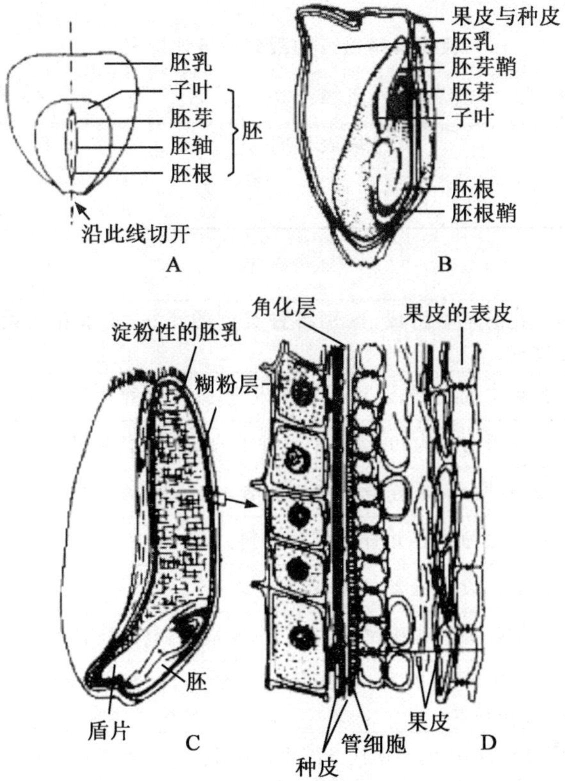

图 1-8 无胚乳种子

A、B. 玉米籽粒 C、D. 小麦籽粒

五、实训成果

1. 将你观察过的各种果实填入下表：

序号	植物名称	果实类型	主要特征

2. 根据你观察过的种子，说明种子包括哪几部分，有哪些类型。

任务考核评价：

植物繁殖器官的观察考核评价表

学生姓名： 班级： 学号：

指导教师： 填表日期： 年 月 日

实训任务：

实训过程考核（70分）	赋分标准	分值	得分
专业技能	熟悉花的基本组成，区别各种类型的花序，了解花的发育过程。	10	
	熟悉果实的类型，了解果实的发育，能区别真果与假果。	15	
	熟悉种子的结构和类型，了解种子的发育及传播的方式。	10	
学习态度	能及时独立完成作业和实训报告。	10	
	能完成预习内容并查找相关资料。	5	
素质能力	爱护实训设施设备，遵守实训要求。	4	
	在实训任务过程中踏实肯干，态度端正，具有责任心。	4	
	认真研究实训内容，在完成实训任务的过程中积极主动，严肃认真。	4	
	在分组活动中能根据任务需要，团结协作，具有团队意识。	4	
	在实训中愉快接受任务并与他人愉快合作，善于沟通。	4	
实训成果考核（30分）	能识别花的形态，花序的类型。	10	
	能识别常见果实和种子的类型。	10	
	写出实训报告。	10	
总评		100	

参考文献

[1] 北京市农业学校. 植物及植物生理学. 北京：中国农业出版社，1993.
[2] 宋志伟. 植物生产与环境. 北京：高等教育出版社，2013.
[3] 陈坚. 植物及生态基础. 北京：高等教育出版社，2005.
[4] 辛孝贵. 植物学实验技术. 沈阳：辽宁科学技术出版社，1990.
[5] 姚文淑. 药用植物学. 北京：人民卫生出版社，1985.

项目二　土壤与肥水管理

【项目说明】

土壤与肥水管理实训是本课程的重要组成部分，是农业生产技能最基础的部分，也是对土壤肥料基础理论、基本原理的深化理解和实验验证，对增强感性认识，提高生产劳动技能，把理论与实践相结合等，都具有十分重要的意义。

本教学项目属于专业基础技能训练模块，主要解决的问题是：农业生产过程中对土壤肥料的认识、鉴别和鉴定，如何正确认识生产过程中的土壤肥料状态，如何因土壤、因作物、因品种进行合理种植，如何有效发挥各种肥料的作用，以及如何更合理地进行农业生产等。因土、因肥、因作物进行农业生产，是农技人员的基本技能。

训练过程中，以校内实训室和校园实训基地为依托，理论与实践结合，教、学、做一体化。结合作物生产农时季节，突出“以应用为目的，以必须够用为度”的教学原则，加强对学生应用意识、兴趣和能力的培养。在教学过程中，合理使用现代化教学手段，尽量结合使用农业生产中的实际来组织教学。在保证任务、学时相吻合的前提下，各项任务实训安排要随着植物生产农时和季节等进行适当调整，并通过布置综合性思考题的方式，巩固学生的基础知识和基本技能。

【学习目标】

1. 能认识、鉴别和鉴定各种土壤和肥料。

2. 学会土壤及肥力因素的各种测定操作及过程，能单独进行测定操作。

3. 能正确配制特定植物所需要的土壤和肥料。

4. 能根据植物的生长发育状况进行土壤和肥水管理。

5. 能根据土壤状况和植物生长需要进行合理施肥。

6. 能了解掌握本地土壤和肥料施用状况，并能根据农业生产的需要，实行科学合理的配方施肥种植技术，达到理想的种植效果。

【知识目标】

1. 掌握土壤肥料的基本概念和基础知识。

2. 具备土壤质地分类、分布和层次结构的基础知识。

3.了解土壤肥力因素:水、肥、气、热的基本知识。

4.了解并掌握有关植物营养和土壤供肥特性的基本知识。

5.了解土壤营养转化和肥料效用的基本原理,明确常见化肥和有机肥种类及其有效养分含量和特性;掌握各种肥料的特性和施用方法。

6.掌握配方施肥的基本理论,熟练配方施肥的基本方法。

【素质目标】

1.培养学生的土壤、肥料意识,增强保护土壤和合理施肥的生态农业生产意识。

2.培养学生对土壤和肥料的兴趣和热爱,增加对土地的亲近和对农民的感情。

3.让学生养成不嫌脏、不怕苦、不怕累等良好品行,热爱农业、热爱劳动、能适应任何农业生产环境和条件的好素质。

4.培养学生团结协作精神和理解体谅农业生产者的情怀。

5.培养学生善于与农民沟通、适应农业生产第一线的社会实践能力。

6.培养学生科学的人生观和价值观,善于用辩证唯物主义观点分析和解决问题,进行创新思维,拥有成为未来农业企业家的远大理想和思想情怀。

任务一　土壤质地的简单测定方法(手摸方法)

知识目标:掌握土壤质地及肥力特性的相关知识。

能力目标:随时随地见到土壤,都可简单鉴定其土壤质地类型。

一、实训目标

土壤质地是土壤的重要性质,它对土壤中的水分、空气、养分、温度、微生物活动、耕作性能和植物生长发育等,都有显著的影响。测定土壤质地,可为因土种植、因土施肥、因土改良、因土灌溉和制订合理的栽培等,提供科学依据,在农业生产中具有十分重要的意义。

本实训要求掌握简便易行的土壤质地测定方法——手摸方法。这是最简便的土壤质地测定法,广泛应用于野外、田间土壤质地的鉴定。

二、实训准备

物品:铁锹、小土铲、钢卷尺、一瓶水。准备5组。

三、实训方式

本方法以手指对土壤的触摸感觉为主，结合眼睛看和耳朵听等，以综合判断、确定土壤质地名称。先结合实际，简单讲解一下有关土壤质地和肥力特性方面的知识。

此方法简便易行，如能熟练掌握，测定土壤质地也很准确，较适合于一般田间土壤质地的鉴别。

手摸方法又叫手测法，有干测和湿测两种方式，一般以湿测为主，干测可作为补充，有时也可互为补充。

四、实训实施

根据学生人数分 4～5 组，选组长，分组进行。

1. 干测法

取玉米粒大小的干土块，放在拇指与食指之间，用力压使之破碎，并在手指间摩擦，根据指压用力程度、时间大小和摩擦时的感觉，来判断土壤质地名称。详情见下表 2-1 判断标准。

2. 湿测法

取适当土壤，除去石砾和植物根茎等粗杂质，放在手中，捏碎后加少许水，进行调和，以土粒充分浸润为度(水分过多、过少都不适宜，以有可塑性为宜)，根据能否搓成球、片和条，球、片表面的粗糙和光滑程度，以及土条在弯曲时的断裂情况等加以鉴定和判断，如用表 2-1 所列鉴定标准进行判断。这是卡庆斯基制土壤质地分类手测法的标准，根据具体情况可灵活运用。

表 2-1　土壤质地手测法判断标准

土壤质地名称	土壤在手指间挤压或摩擦时的感觉（干时测定情况）	土壤在湿润状态下揉搓时的表现（湿时测定情况）
沙土	土壤几乎由沙粒组成，一看便知，干土块毫不用力一触即碎，手捻粗糙刺手，沙沙作响。	手握不能成团，手松开即散在手中，搓不成土球或土片。
沙壤土	沙粒占优势，混夹少许黏粒，显得粗糙，捻磨时有响声，干土块用小力即可捏碎。	可勉强搓成厚而短的小土球或土片，且表面不光滑，但搓不成细条。

续表 2-1

土壤质地名称	土壤在手指间挤压或摩擦时的感觉（干时测定情况）	土壤在湿润状态下揉搓时的表现（湿时测定情况）
轻壤土	干土块稍用力即可压碎，手捻时有粗糙感觉。	可搓成薄而短的土片，表面较平整，亦可搓成直径约 3 mm 的土条，但提起后易断裂。
中壤土	干土块稍加大力量才可压碎，成粗细不一的粉末，沙和黏粒含量大致相同，稍感粗糙。	可搓成较长薄片，表面平整但无反光，也可搓成直径约 3 mm 的小土条，但弯成 2～3 cm 的小圈时即断裂。
重壤土	干土块要用大力挤压才可破碎成粗细不一的粉末，粉沙和黏粒土占多数，略有粗糙感。	可搓成较长薄片，表面有弱的反光，也可搓成直径 2 mm 的细土条，并能弯成 2～3 cm 的圆形，压扁时有裂缝。
黏土	干土块很硬，用手不能捏碎，用硬石砸碎成细而均一的粉末，有滑腻感。	可搓成长薄片，表面光滑有强反光，不断裂，也可搓成直径 2 mm 细条，并能弯成 2 cm 的圆环，压扁时无裂缝。

总结说明：

（1）实测土壤也可能是处于表中所列的土壤之间的质地类别，这需要灵活观察，综合鉴定判断。

（2）实际土壤鉴定判断时，要多点取样，并且每个取样点都取整个耕作层的土壤（可分上、中、下三层）；并在土壤剖面不同层次取样时，注意观察土壤的剖面结构。

（3）要正确鉴定判断一地块土壤的质地类别，还需要在一年中不同季节各进行一次鉴别。

五、实训成果

1. 本项实训的技能目标：掌握手摸法测定土壤质地的各种土壤鉴定标准，以及熟练掌握干、湿测法的操作过程。

2. 作业：在校园内任选块土壤，测定其质地类别。写出实训报告。

任务考核评价：

土壤质地的简单测定任务考核评价表

学生姓名： 班级： 学号：

指导教师： 填表日期： 年 月 日

实训任务：

实训过程考核（70分）	赋分标准	分值	得分
专业技能	能够大致判断土壤类别。	4	
	能熟练掌握判断标准。	6	
	能够熟练进行干测操作。	7	
	能够熟练进行湿测操作。	10	
	能在 3 min 之内独立完成干、湿测操作。	3	
学习态度	提前预习相关知识并查找资料。	10	
	处理问题方式得当，能提出多种疑问。	10	
素质能力	在组内能根据任务需要与他人愉快合作，有团队意识。	5	
	在完成任务过程中不怕脏累，责任心强。	5	
	在测定操作中顺利沟通，能与他人的合作。	5	
	能愉快接受任务，认真研究实训要求，热爱本实训操作。	5	
实训成果考核（30分）	能随时随地鉴定出土壤质地，即完成作业。	8	
	掌握手摸法测定土壤质地的各种土壤鉴定标准，以及熟练掌握干、湿测法的操作过程。	12	
	上交完整的实训报告。	10	
总评		100	

任务二 土壤分析样品的采集和制备

知识目标：掌握土壤组成及土壤肥力的相关知识。

能力目标：学会随机采样的基本方法，掌握土样制备的全过程和基本操作。

一、实训目标

土壤样品的采集与制备，是土壤分析工作中的一个重要环节，其正确与否，将直接影响到分析结果的准确性和有无应用价值，所以，必须按科学的方法进行土壤采样和制样。通过此实训，使学生初步掌握耕作层土壤混合样品的采集和制备方法。

二、实训准备

土钻或小土铲（或锄头）、布袋（或塑料袋）、标签、铅笔、钢卷尺、木锤、镊子、土壤筛（18 目、60 目）、广口瓶、研钵、盛土盘等。准备共 5 套。

三、实训方式

先结合实际，简单讲解一下土壤形成与土壤结构方面的知识，再结合农业生产概述一下不同土壤在农业生产过程中的演进、改良及培肥过程，使学生了解当地土壤大体情况。

为了使样品具有最大的代表性，在采集和制备样品的过程中，按“随机”、“多点”和“均匀”的原则和方式方法进行操作。

四、实训实施

根据学生人数分 4～5 组，选组长，分组进行。

(一)样品的采集

1. 样品的代表性

采样时必须按照一定的采样路线进行。采样点的分布尽量做到“均匀”和“随机”；布点的形式以蛇形为好，在地块面积小，地势平坦，肥力均匀的情况下，方可采用对角线或棋盘式采样路线，采土点要避免在田边、路旁、沟边、挖方、填方及堆肥等特殊地方；采样点的数目，一般应根据采样地块的大小和土壤肥力差异情况而定，酌情采集 5～20 个点（多点）。

2. 采样方法

在确定的采样点上，先将 2～3 mm 的表土刮去，然后用土钻或小土铲垂直入土 15～20 cm，每个点的取土深度、质量应尽量一致，将采集的各点土样在盛土盘上集中起来，粗略选去石砾、虫壳、植物根系等杂质，混合“均匀”后，采用对角四分法，弃去多余的土，直至所需要数量为止，一般每个混合土样的质量在 1 kg 左右为宜。

3. 采样时间

为了解决随时出现的问题，需要土壤测定时，应随时采样；为了摸清土壤养分变化和作物生长规律，即按作物生育期定期取样；为了制订施肥计划而进行土壤测定时，在前作物收获后或施基肥前进行采样；若要了解施肥效果，则在作物生长期间、施肥的前后进行采样。

4. 装袋与填写标签

采好后的土样装入布袋中，立即写标签，一式 2 份，1 份系在口袋外，1 份放入袋内，标签用铅笔写明采样地点、深度、样品编号、日期、采样人、土壤名称等。同时将此内容登记在专门的记载本上备查。

(二)土壤样品的制备

1. 风干剔杂

除速效养分、还原物质的测定需要用新鲜样品外，其余均采用风干土样，这便于抑制微生物活动和化学变化，也便于长期保存。风干土样的处理方法：将新鲜土样铺平放在木板上或光滑的厚纸上，厚 2～3 cm，放置在阴凉干燥通气清洁的室内风干。严禁暴晒或受到酸、碱气体等物质的污染，应随时翻动，捏碎大的土块，剔除植物根茎叶、虫体、新生体、侵入体等，经过 5～7 d 后，可达到风干的要求。

2. 磨细过筛

将风干以后的土样平铺在木板或塑料布上，用木棒碾碎，边磨边筛，直至全部通过 1 mm 筛子(18 目)为止。石砾和石块切勿弄碎，必须筛去，少量可弃去，多量时，应称其质量，计算百分含量。

过筛后的土样经充分混合均匀后，用对角四分法分成 2 份，一份供 pH、速效养分等测定。另一份继续仔细地挑弃残存的植物根茎等有机质体，然后磨细至全部通过 0.25 mm(60 目)筛孔，又按对角四分法，取出 50 g 左右供有机质、全氮测定之用。

3. 装瓶贮存

过筛后的 2 份土样经分别充分混合后，应分别装入具有磨口塞的广口瓶中，内外各附标签一张，标签上写明土壤编号、采样地点、土壤名称、深度、筛孔号、采集人及采样日期等。在保存期间应避免阳光、高温、潮湿及酸碱气体的影响和污染，有效期一般在 1 年左右。

五、实训成果

1. 本项实训的技能目标：掌握土壤采样和土样制备的各种操作技能，学会科学的土样采集与制备方式、方法。

2.作业

(1)在土样的采集与制备过程中,应注意哪些问题?

(2)写出实训报告,上交制备的土样。

任务考核评价:

土壤分析样品的采集和制备考核评价表

学生姓名: 班级: 学号:

指导教师: 填表日期: 年 月 日

实训任务:

实训过程考核 (70分)	赋分标准	分值	得分
专业技能	能够判断采样地块大体形状。	3	
	能合理确定采样点的分布。	7	
	能在每个采样点合理采取土样。	5	
	能将采集的土样进行合理处理。包括:混合均匀,去掉杂质,用四分法去掉多余的土,拿回实验室晾干等。	10	
	能研磨土样、过筛、装瓶、加标签等。	5	
学习态度	提前预习相关知识,并查找相关资料。	10	
	处理问题方式适当,能说出实训思路和方案。	10	
素质能力	在组内能根据任务需要与他人愉快合作,有团队意识。	5	
	在完成任务过程中愿挑重担,责任心强。	5	
	在操作过程中能顺利沟通,能与他人很好配合。	5	
	能愉快接受任务,认真研究要求,热爱本实训。	5	
实训成果考核 (30分)	能交上制备好的合格的土壤样品。	10	
	掌握了土壤采样和土样制备的各种操作技能,学会科学的土样采集与制备方式、方法。	15	
	上交作业和实训报告。	5	
总评		100	

任务三 土壤酸碱度的测定

知识目标：掌握土壤酸碱度和土壤 pH 有关知识。

能力目标：掌握土壤酸碱度的测定过程，各种试剂的配制，会测定各种土壤的酸碱度。

一、实训目标

土壤酸碱度是土壤的重要化学性质，对土壤肥力状况和作物生长都有很大的影响。测定土壤酸碱性，对合理布局作物、土类的划分以及土壤的合理利用和改良等，都有十分重要的意义。

通过本实训，明确测定土壤酸碱性的意义和原理，并初步掌握测定方法。

二、实训准备

（一）比色法部分

（1）设备仪器　白瓷比色板、玛瑙研钵等。

（2）试剂准备

①pH 4～8 混合指示剂。分别称取溴甲酚绿、溴酚紫及甲酚红各 0.25 g 于研钵中，加 15 mL 0.1 mol/L 的氢氧化钠（NaOH）及 5 mL 蒸馏水，共同研匀，再加蒸馏水稀释至 1 000 mL，此指示剂的 pH 变色范围如下：

pH：	4.0	4.5	5.0	5.5	6.0	6.5	7.0	8.0
颜色：	黄	绿黄	黄绿	草绿	灰绿	灰蓝	蓝紫	紫

②pH 4～11 混合指示剂。称取 0.2 g 甲基红、0.4 g 溴百里酚蓝、0.8 g 酚酞，在玛瑙钵中混合研匀，溶于 95% 的 400 mL 酒精中，加蒸馏水 580 mL，再用 0.1 mol/L 氢氧化钠调至 pH 7（草绿色），用 pH 计或标准 pH 溶液校正，最后定容至 1 000 mL，其变色范围如下：

pH：	4	5	6	7	8	9	10	11
颜色：	红	橙黄	稍带绿	草绿	绿	暗蓝	紫蓝	紫

(二)电位法部分

(1)设备仪器　酸度计(附甘汞电极、玻璃电极)、高型烧杯(50 mL)、量筒(25 mL)、天平(感量 0.1 g)、洗瓶、磁力搅拌器等。

(2)试剂准备

①pH 4.01 标准缓冲液。称取 105℃烘干 2～3 h 苯二甲酸氢钾($KHC_8H_8O_4$,分析纯)10.21 g,用蒸馏水溶解稀释定容至 1 000 mL,即为 pH 4.01,浓度 0.05 mol/L 的苯二甲酸氢钾溶液。

②pH 6.87 标准缓冲液。称取经 120℃烘干的磷酸二氢钾(KH_2PO_4,分析纯)3.39 g 和无水磷酸氢二钠(Na_2HPO_4,分析纯)3.53 g,溶于蒸馏水中,定容至 1 000 mL。

③pH 9.18 标准缓冲液。称 3.80 g 硼砂($Na_2B_4O_7 \cdot 10H_2O$,分析纯)溶于无 CO_2 的蒸馏水中,定容至 1 000 mL,此溶液的 pH 容易变化,应注意保存。

④1 mol/L 氯化钾溶液。称取化学纯氯化钾(KCl)74.6 g,溶于 400 mL 蒸馏水中,用 10%氢氧化钾和盐酸调节 pH 至 5.5～6.0。然后稀释至 1 000 mL。

三、实训方式

先简单讲解一下土壤离子交换吸收和土壤酸碱度的有关知识,大体了解土壤酸碱度及其意义。

1.混合指示剂比色法

方法原理:利用指示剂在不同 pH 溶液中可显示不同颜色的特性,根据其显示颜色与标准酸碱比色卡进行比色,即可确定土壤溶液的 pH(酸碱度)。

2.电位测定法

方法原理:用水浸液或盐浸液提取土壤中水溶性或代换性氢离子,再用指示电极(玻璃电极)和另一参比电极(甘汞电极)测定该浸出液的电位差。由于参比电极的电位是固定的,因而电位差的大小取决于试液中的氢离子活度。在酸度计上可直接读出 pH。

四、实训实施

本实训不分组,全班统一在土化实验室进行。

(一)混合指示剂比色法

操作步骤:取黄豆大小待测土壤样品,置于清洁白瓷比色板穴中,加指示剂

3～5 滴，以能全部湿润样品而稍有剩余为宜，水平振动 1 min，稍澄清，倾斜瓷板，观察溶液色度与标准色卡比色，确定 pH(酸碱度)。

为了方便而准确，事先配制成不同 pH 的标准缓冲液，每隔半个或一个 pH 单位为一级，取各级标准缓冲液 3～4 滴于白瓷比色板穴中，加混合指示剂 2 滴，混合后，即可出现标准色阶，用颜料配制成比色卡片备用。

(二)电位测定法

1. 操作步骤

(1)土壤水浸提液 pH 的测定　称取通过 1 mm 筛孔的风干土样 25.0 g 于 50 mL 烧杯中，用量筒加入无 CO_2 蒸馏水 25 mL 在磁力搅拌器上(或玻璃棒)剧烈搅拌 1～2 min，使土体充分分散。放置 0.5 h，此时应避免空气中 NH_3 或挥发性酸等的影响，然后用酸度计测定。

(2)土壤的氯化钾盐浸提液 pH 的测定　对于酸性土，当水浸提液的 pH 低于 7 时，用盐浸提液测定才有意义。测定方法除 1 mol/L 氯化钾溶液代替无 CO_2 蒸馏水外，其余操作步骤与水浸提液相同。

2. 注意事项

(1)玻璃电极在使用前，必须进行“活化”，可用 0.1 mol/L HCl 浸泡 12～24 h，或用蒸馏水浸泡 24 h。使用一定时间后，电极应予以校正(方法是：用两个标准缓冲液，一个作定位，另一个作测定，测定值与理论值相差在允许范围内为正常，即 pH 相差小于 0.1～0.2，若超过范围，则应作处理)；暂时不用的电极，应浸泡在蒸馏水中，若长期不用，则应放在盒中。

(2)饱和甘汞电极使用前，应取下橡皮套，内充溶液应见 KCl 晶粒，无气泡，液面应接甘汞电极，不足时，应补充。暂时不用的电极就浸泡在饱和 KCl 溶液中，长期不用，应将橡皮塞、胶套上好，保存在盒内。

五、实训成果

1. 本项实训的技能目标：学会土壤酸碱度测定的各种操作，熟练掌握测定操作的全过程。

2. 作业

(1)对比两种方法测定的结果，是否有差别？若有，分析差别产生的原因。

(2)写出实训报告。

任务考核评价：

土壤酸碱度的测定考核评价表

学生姓名：　　　　　　　　班级：　　　　　　　　学号：

指导教师：　　　　　　　　填表日期：　　　　年　　月　　日

实训任务：

实训过程考核（70分）	赋分标准	分值	得分
专业技能	能够认识各种仪器、设备和试剂。	5	
	能准确说出各种仪器设备的作用。	5	
	能配制出各种准备试剂。	5	
	能用混合指示剂比色法和电位测定法进行土壤酸碱度的测定操作。	10	
	能正确使用酸度计。	5	
学习态度	提前预习相关知识并查找有关资料。	10	
	处理问题方式得当，能提出问题和解决方案。	10	
素质能力	在同学间能根据任务需要与他人愉快合作，有协作意识。	5	
	在完成任务过程中愿挑重担，责任心强。	5	
	在完成任务过程中善于沟通，能赢得他人的好感。	5	
	能愉快接受任务，积极参与，认真研究任务要求，热爱本实训。	5	
实训成果考核（30分）	测定出土壤酸碱度的结果值。	7	
	学会了土壤酸碱度测定的各种操作，熟练掌握测定操作的全过程。	15	
	上交作业和实训报告。	8	
总评		100	

任务四　土壤水分含量的测定

知识目标：掌握土壤水分形态和含水量的相关知识。

能力目标：学会土壤含水量的测定方法，掌握土壤含水量测定的原理和全过程。

一、实训目标

土壤水分是土壤的重要组成部分，也是重要的土壤肥力因素。进行土壤水分含量的测定，一般有两个目的：一是了解田间土壤的水分状况，为土壤耕作、播种、合理排灌等提供依据；二是在室内分析土壤工作中，测定风干土的水分，把风干土重换算成烘干土重，可作为各项分析结果的计算基础。

本实训要求掌握烘干法和酒精燃烧法测定土壤水分的原理和方法，并能准确地测定出土壤的水分含量。

二、实训准备

天平(感量 0.01 g 和 0.001 g)、烘箱、干燥器、称样皿、铝盒、量筒(10 mL)、无水酒精、滴管、小刀、木箱等。除烘箱和干燥器外，其他各准备 6 组。

三、实训方式

测定土壤水分含量的方式、方法很多，常用的有烘干法和酒精燃烧法。烘干法是目前测定土壤水分含量的标准方法，其测定结果比较准确，适合于大批量样品的测定，但这种方法需要时间较长。酒精燃烧法测定土壤水分较快，但精确度较低，一般适用于田间速测。

先简单讲解一下土壤水和土壤水分含量的有关知识，了解一下土壤含水量的意义。

1. 烘干法

方法原理：土壤水在(105±2)℃的温度下，从土壤中全部蒸发，一般结构水不会破坏，且土壤有机质也不致分解。因此，将土壤样品置于(105±2)℃下烘至恒重，根据其烘干前后的质量差，就可以计算出土壤水分含量的百分数。

2. 酒精燃烧法

方法原理：方法是利用酒精在土壤样品中燃烧放出的热量，使土壤水分蒸发干燥，通过燃烧前后质量之差，计算出土壤含水量的百分数。酒精燃烧在火焰熄灭前几秒钟，即火焰下降时，土温才迅速上升到 180～200℃，然后，温度很快降至 85～90℃，再缓慢冷却。由于高温阶段时间短，样品中有机质及盐类损失少，故此法测定的土壤水分含量还较接近真实值，有一定的参考价值。

四、实训实施

根据学生人数，分成 5～6 组，选组长，分组进行。

(一)烘干法

1. 实训过程

(1)取有盖的铝盒(或称样皿),洗净,烘干,放入干燥器中冷却至室温,然后在分析天平上称重(W_1),并注意编好号,以防弄错。

(2)用角匙取过 1 mm 筛孔的风干土样 4～5 g(精确到 0.001 g),铺在铝盒中(或称样皿中),进行称重(W_2)。

(3)将铝盒盖打开,放入恒温箱中,在(105±2)℃的温度下烘干 6 h 左右。

(4)盖上铝盒盖子,将铝盒放入干燥器中 20～30 min,使其冷却至室温,取出称重。

(5)打开铝盒盖子,再放入恒温干燥箱中,在(105±2)℃下再烘干 2 h,冷却,称重,如此反复,称至恒重(W_3)。

2. 结果计算

以烘干土为基数计算土壤水分的百分含量。

$$土壤含水量=\frac{风干土重-烘干土重}{烘干土重}\times 100\%=\frac{W_2-W_3}{W_3-W_1}\times 100\%$$

其中

$$水分系数(x)=\frac{烘干土重}{风干土重}=\frac{W_3-W_1}{W_2-W_1}$$

风干土重换算成烘干土重为:

$$烘干土重=风干土重\times x=\frac{风干土重}{1+土壤含水量}$$

3. 注意事项

(1)测定风干土样中吸湿水含量时,一般用感量 0.001 g 的分析天平称量,前后两次称重相差不大于 0.003 g 为恒重。

(2)一般土壤样品的烘干温度不得超过(105±2)℃,温度过高,土壤有机质易碳化损失。

(二)酒精燃烧法

1. 实训过程

取土样 5 g 左右,称重(精确度 0.01 g),放入已知质量的铝盒中。然后,向铝盒中滴加酒精,直至浸没全部土面为止,并在桌面上将铝盒敲击几次,使土样均匀分布于铝盒中。将铝盒放在石棉网或木板上,点燃酒精,在即将燃尽时,用小刀或玻棒轻轻翻动土样，以助其燃烧。待火焰熄灭、样品冷却后，再滴加酒精，进行第二次燃烧，再冷却，称重。一般情况下，要经过3～4次燃烧后，土样才可能恒重。

2.结果计算

土壤水分含量百分数(含水量%)的计算过程，与上面烘干法相同。

3.注意事项

本法不适用于含有机质高的土壤，在操作过程中要注意防止土样的损失，以免出现误差。

五、实训成果

1.本项实训的技能目标：熟练掌握土壤含水量测定的各种操作，主要是烘干法和酒精燃烧法。

2.作业

(1)计算土壤含水量时，为什么要以烘干土为基础数?

(2)在取土样及去水时，为保证测定结果准确，应注意哪些操作?

(3)写出实训报告。

任务考核评价：

土壤水分含量的测定考核评价表

学生姓名：　　班级：　　学号：

指导教师：　　填表日期：　　年　月　日

实训任务：

实训过程考核(70分)	赋分标准	分值	得分
专业技能	能够说出仪器设备及用途。	4	
	能准确地称量出铝合重量。	6	
	能够熟练进行取土及称量、记录。	5	
	能用烘干法和酒精燃烧法去水并称量、记录。	10	
	能准确进行土壤含水量计算。	5	
学习态度	提前预习相关知识，并查找相关资料。	10	
	处理问题方式合理，能提出问题和解决方案。	10	

续表

实训过程考核（70分）	赋分标准	分值	得分
素质能力	在组内能根据任务需要与他人愉快合作，有团队意识。	5	
	在完成任务过程中愿挑重担，有责任心。	5	
	在任务完成过程中，能顺利沟通，并能赢得他人的好感。	5	
	能愉快接受任务，积极参与实训，并认真研究任务要求，热爱本实训。	5	
实训成果考核（30分）	能测定出土壤含水量的结果。	7	
	能熟练掌握土壤含水量测定的各种操作，主要是烘干法和酒精燃烧法。	15	
	上交作业和实训报告。	8	
总评		100	

任务五　土壤容重的测定和土壤孔度的计算

知识目标：掌握土壤密度、容重和孔度的概念及土壤孔隙与通气性相关知识。

能力目标：掌握土壤容重测定和孔度计算的全过程，能对耕作土壤的容重，随时进行测定。

一、实训目标

了解土壤容重的含义，明确土壤容重测定的意义，学会土壤容重的测定方法，并能根据测定结果进行土壤孔隙度的计算。

二、实训准备

天平、环刀、削土刀、小土铲、铝盒、酒精、恒温干燥器等。

三、实训方式（环刀法）

先简单讲解一下土壤通气性、容重和孔隙度方面的知识。再解释一下环刀法测定土壤容重的原理、方法及过程。

在自然状态下，土壤的孔隙度和容重是成反比的，即土壤容重越小，孔隙度就越大。所以,该方法是用环刀取一定体积的自然状态的土壤,去掉其中水分,得到其中的干土重量,再与土体积(即环刀容积)之比,即为该土壤的容重。

根据土壤孔隙度的计算公式,即可用土壤容重,算出该土壤的孔隙度。

四、实训实施

根据学生人数,分成4～5组,选组长,分组进行。

(一)实训过程

(1)用草纸将环刀擦净,仔细检查环刀与上、下盖配合是否良好,记下环刀号码,并测算体积(V,cm^3)和称重(G,精确到0.1 g)。同时,将事先已经洗净烘干的铝盒称重(精确到0.01 g)、编号。

带上环刀、铝盒、削土刀、小土铲等,到田间取土,然后迅速回实验室,进行土壤含水量测定的操作;如果离实验室较远,也可带上天平和酒精在田间进行操作。

(2)在田间选取具有代表性的地点(耕作层或剖面根据需要而定),先用小铁铲铲去表土几厘米,再将环刀垂直压入土层中,至土壤充满环刀为止。

注意:应保持土样的自然状态。

(3)用小土铲或小刀从环刀四周切入土中,取出环刀,使环刀两端均有多余的、保持自然状态的土壤。

(4)用削土刀细心地沿环刀边缘分别将两端多余的土壤削去,使土样与环刀的容积相同,盖好上、下盖,并把环刀表面的泥土擦净,带回实验室或现场立即称重(M,精确到0.1 g)。以避免水分蒸发影响测定结果。

(5)在用环刀取样的同时,在同层采样处取20 g左右的土壤,迅速放入已知重量的铝盒中,称重,用酒精燃烧法测定出该处土壤的含水量,或者直接从已称重后的环刀中取土,测定其土壤的含水量。

(二)注意事项

(1)本法适用于一般土壤,对坚硬和易碎的土壤不适用。

(2)本测定应不少于3次重复,最终取算术平均值。

(三)结果计算

1.土壤容重的计算

$$\text{土壤容重}\ D=\frac{(M-G)\times 100}{V(100+W)}$$

式中：D—土壤容重，g/cm^3；

M—环刀+湿土质量，g；

G—环刀质量，g；

V—环刀体积，即所取湿土体积，cm^3；

W—土壤含水量，%。

2. 土壤孔度的计算

(1)土壤总孔度(P)

$$土壤总孔度\ P=\left(1-\frac{D}{d}\right)\times 100\%$$

式中：D—土壤容重，g/cm^3；

d—土粒密度，取平均值 2.65 g/cm^3。

在不同密度值时，可用经验公式进行计算：

$$土壤总孔度= 93.947\%-32.995D\%$$

(2)土壤毛管孔度(P_1)

$$土壤毛管孔度\ P_1= W_{田}\times D$$

式中：$W_{田}$ 为田间持水量，其测定方法见下节任务六“土壤田间持水量的测定”。

应注意的是：这里计算出的毛管孔度，实际上是毛管孔度与非活性孔度之和，因为田间持水量中就包含了土壤无效水。

(3)土壤空(通)气孔度(P_2)

$$土壤通气孔度\ P_2= P-P_1$$

五、实训成果

1. 本项实训的技能目标：熟练掌握土壤容重测定的各种技能操作，并能根据土壤容重快速计算出土壤孔隙度。

2. 作业

(1)为什么测定土壤容重时应保持土壤的自然状态？为此，测定中应注意哪些问题？

(2)写出实训报告。

任务考核评价：

土壤容重的测定和土壤孔度的计算考核评价表

学生姓名： 班级： 学号：

指导教师： 填表日期： 年 月 日

实训任务：

实训过程考核（70分）	赋分标准	分值	得分
专业技能	能够认识各种仪器设备，并能说出其作用。进行初步计算称量。	6	
	会用环刀在田间取土，并能正确称量。	4	
	能够熟练测定土壤水分含量。	5	
	能计算出环刀内的干土重，并测算出其容重。	10	
	能根据土壤的容重，准确计算出土壤的孔度。	5	
学习态度	提前预习相关知识，并查找相关资料。	10	
	处理问题方式适当，能提出问题和解决方案	10	
素质能力	在组内能根据任务需要与他人愉快合作，有团队协作意识。	5	
	在完成任务过程中愿挑重担，有责任心。	5	
	任务完成过程中善于沟通，能与他人很好交流。	5	
	能愉快接受任务，积极参与，并认真研究任务要求，热爱本次实训。	5	
实训成果考核（30分）	能测算出土壤容重和土壤孔度的结果值。	10	
	能熟练掌握土壤容重测定的各种技能操作，并能根据土壤容重快速计算出土壤孔隙度。	15	
	上交作业和实训报告。	5	
总评		100	

任务六　土壤田间持水量的测定(淹灌方框法)

知识目标:掌握土壤田间持水量和土壤灌溉的相关知识。

能力目标:学会土壤田间持水量测定过程的技术要点,掌握测算方法。

一、实训目标

了解田间持水量的含义,明确田间持水量的测定在合理灌溉中的重要意义,初步掌握田间持水量的测定方法。

二、实训准备

水框(内径长、宽均为 100 cm,高 50 cm,下部削成楔形,用白铁皮包成刀刃状)、天平(感量 0.01 g)、铁铲、水桶、土钻、铝盒、草、塑料布、烘箱等。

三、实训方式(淹灌方框法)

先简单讲解一下土壤田间持水量的相关知识及其对合理灌溉的意义。

本方法采取田间处理与实验室相结合的方式。重点放在田间准备和处理上,因为田间准备和处理不当,将直接影响到测定结果。田间准备和处理越科学,就越接近于田间土壤的真实情况,测定结果的可用性就越大。

当然,实验室测定的结果也很重要,也必须按照科学的方法和步骤进行。

四、实训实施

根据学生具体情况,对学生进行分组、分工进行。

(一)田间准备(分组分工进行)

(1)在田间选取一具有代表性的地块,将表面平整后,划出约 4 m^2 的面积,四周筑以土埂,埂高 40 cm,顶宽 30 cm,并将土埂压实。

(2)在土埂框中央插入面积为 1 m^2 的水框,插深约 10 cm,框内作为试验区,周围为保护区,若无水框,也可以作土埂代替。

(3)确定适宜的灌水量及水源。以将试验区的土壤灌透为原则,灌溉深度以 1 m 左右。

(4)先在保护区灌水，然后向实验区灌水，待试验地中土壤水分渗漏很慢后，再继续灌，使水框内外均保持 5～10 cm 厚的水层。为防止冲刷，在灌水处应铺垫些草或席子。

(5)灌水完毕后，用草或席子将整个灌水区盖好，草厚度约 0.5 cm，上面再用塑料布盖好，以防表层水分蒸发。

(6)对沙土和壤土，在灌水后 24 h，对黏土在灌水后 48 h，即可进行取样测定土壤水分含量。

(二)取样测定(分组进行)

用土钻在试验区沿对角线取 3 个点，每个钻孔自上而下依土壤发生层分别采土样 20 g 左右。将土样放入铝盒，迅速盖好盖，带回实验室测定各土层土样的水分含量，$W_1, W_2, W_3 \cdots W_n$，也即为各土层的田间持水量(测定方法按土壤水分含量的测定进行)。

以后每天测定一次，直至水分平衡为止(前后两天的含水量无显著差异，即<1%)。

(三)结果计算

土壤剖面的若干个层次，各层次的田间持水量、厚度和容重都不一样，就采用加权平均法来计算整个土壤层的平均田间持水量，每天算一次。计算公式如下：

$$\text{田间持水量} = \frac{W_1D_1H_1 + W_2D_2H_2 + \cdots + W_nD_nH_n}{D_1H_1 + D_2H_2 + \cdots + D_nH_n} \times 100\%$$

式中：$W_1, W_2, \cdots W_n$—各土层的田间持水量，%；

$D_1, D_2, \cdots D_n$—各土层的土壤容重，g/cm^3；

$H_1, H_2, \cdots H_n$—各土层的土层厚度，cm。

(四)注意事项

1. 土埂必须踩实，必要时可加水湿润后再筑紧，糊实。

2. 各土层田间持水量以最接近的两次测定结果的算术平均数来表示。

五、实训成果

1. 本项实训的技能目标：掌握土壤田间持水量测定的各种技能操作过程，熟练掌握田间持水量的测算方法。

2. 作业

(1)测定田间持水量的意义有哪些？

(2)写出实训报告。

任务考核评价：

土壤田间持水量的测定考核评价表

学生姓名： 班级： 学号：

指导教师： 填表日期： 年 月 日

实训任务：

实训过程考核（70分）	赋分标准	分值	得分
专业技能	能够按照分工要求对田间土壤进行正确处理。	5	
	能够根据处理的田间土壤状况，进行适时适地取土测定。	6	
	能够熟练进行去水操作。	4	
	能熟练进行田间持水量的测算	10	
	能根据测得结果，初步评价该土壤的保水性能。	5	
学习态度	提前预习相关知识，并查找相关资料。	10	
	处理问题方式适宜，能提出问题和解决方案。	10	
素质能力	在班级和组内能根据任务需要与别人愉快合作，有团队和协作意识。	5	
	在完成任务过程中，不怕脏累，愿挑重担，责任心很强。	5	
	善于沟通协调，能赢得他人的认同和好感。	5	
	能愉快接受任务，积极参与，热爱本实训过程。	5	
实训成果考核（30分）	能测定出土壤田间持水量的结果值。	8	
	掌握了土壤田间持水量测定的各种技能及操作过程，熟练掌握田间持水量的测算方法。	22	
	上交作业和实训报告。	10	
总评		100	

任务七　土壤速效氮（碱解氮）含量的测定（扩散法）

知识目标：掌握土壤中氮素存在的形态与转化，及氮肥施用的相关知识。

能力目标：掌握土壤速效氮含量测定的全过程，学会各种试剂的配制。

一、实训目标

土壤速效氮即水解性氮的含量可以反映出近期内土壤氮素的供应状况，对指导合理使用氮肥具有一定的意义。

碱解扩散法操作简便，结果重现性较好，而且与作物需氮情况有一定的相差性。故要求能较熟练地掌握本方法的操作技能。

二、实训准备

（一）仪器用具

天平（感量 0.01 g）、恒温箱、扩散皿、半微量滴定管（10 mL）、皮头吸管（10 cm）。

（二）试剂

（1）1 mol/L NaOH 溶液　称取三级氢氧化钠 40 g 溶于蒸馏水中，冷却后稀释至 1 L。

（2）碱性胶液　取 40 g 阿拉伯胶和 50 mL 水，同放于烧杯中，加热至 70～80℃，搅拌溶解后放凉。加入 20 mL 甘油和 20 mL 饱和 K_2CO_3 水溶液，搅匀、放凉。离心除去不溶物，将清液贮存于玻璃瓶中备用。

（3）混合指示剂　称取 0.5 g 溴甲酚绿和 0.1 g 甲基红于玛瑙研钵中，加入少量 95％的酒精，研磨至指示剂全部溶解后，加 95％酒精至 100 mL。

（4）2％硼酸-指示剂混合液　称取化学纯硼酸 20 g，用热蒸馏水（约 60℃）溶解，冷却后稀释至 1 000 mL。使用前每升硼酸溶液中加 20 mL 混合指示剂，并用稀碱调节至红紫色（pH 约 4.5）。此液放置时间不宜过长，如在使用过程中 pH 有变化，需随时用稀酸或稀碱调节。

三、实训方式（用碱解氮扩散法）

先简单讲解一下土壤养分的存在状态，土壤氮素养分的转化和氮素速效养分供应等相关知识。

用一定浓度的碱液水解土壤样品，使土壤的有效氮碱解，并转化为氨而不断扩散逸出，逸出的氨被硼酸吸收后，再用酸标准溶液滴定，根据消耗酸溶液的量，就可计算出土壤碱解氮的含量。

四、实训实施

本实训在土化实验室，全班统一进行。

(一)实施过程

(1)称取通过 1 mm 筛的风干土样 2.00 g,放入扩散皿外室,轻轻旋转扩散皿使样品铺平。

(2)在扩散皿内室加入 2%硼酸-指示剂混合液 2 mL(此时为红紫色,若出现蓝色应吸出变蓝的硼酸液,再重新加 2 mL 2%硼酸指示剂混合液)。

(3)在扩散皿外室边缘涂碱性胶液,盖上毛玻璃并旋转数次,使毛玻璃与扩散皿边缘完全密封。

(4)慢慢推开毛玻璃一边,使扩散皿露出一条狭缝,用皮头吸管加入 1 mol/L NaOH 溶液 10 mL 于扩散皿外室,立即将毛玻璃盖严,并用橡皮筋固定毛玻璃。水平地旋转扩散皿,使土壤与碱液充分混合均匀,随后放入 40℃的恒温箱中保温 24 h。

(5)取出扩散皿,以 0.01 mol/L HCl 标准溶液滴定扩散皿内室,溶液由蓝色到红紫色即为终点。记录所用酸标准溶液的体积(mL)。

同时作空白测定,记下空白滴定消耗酸标准溶液体积 V_0。

(二)结果计算

$$\text{土壤水解性氮(mg/kg)}=\frac{(V-V_0)\times c_{\text{HCl}}\times 0.014}{M}\times 1\ 000\ 000$$

式中:V—滴定样品消耗酸标准溶液体积,mL;

V_0—滴定空白消耗酸标准溶液体积,mL;

c_{HCl}—盐酸标准溶液的浓度,mol/L;

0.014—氮原子的毫摩尔质量,g/mmol;

M—风干土样品质量,g;

1 000 000—换算为 mg/kg 的系数。

(三)注意事项

(1)该方法为国家标准局批准的土壤氮测定的国家标准方法。

(2)平行测定的结果用算术平均值表示,保留小数点后 3 位。

(3)混合指示剂最好在使用时与硼酸溶液混合,如果混合过久会出现终点不明显的现象。

(4)工业用氢氧化钠常含有碳酸钠,新配制的 10 mol/L 的 NaOH 溶液不应马上使用,需放置 1 d,杂质下沉后再用,否则,使用时可能产生猛烈气泡。

(5)本方法测定结果不包括硝态氮在内。如果要包括硝态氮在内,测定时需在扩散皿外室的土样中加入 0.2 g $FeSO_4\cdot 7H_2O$(化学纯)和 0.1 mL Ag_2SO_4(化学纯)饱和溶液,再加 10 mL 1 mol/L NaOH 溶液,按上述步骤再进行碱解扩散。

五、实训成果

1.本项实训的技能目标：熟练配制各种试剂，掌握用扩散法进行土壤速效氮测定的各种操作和计算。

2.作业

(1)土壤水解性氮包括哪些形态的氮素？测定水解性氮有什么意义？

(2)写出实训报告。

任务考核评价：

土壤速效氮含量的测定考核评价表

学生姓名： 班级： 学号：

指导教师： 填表日期： 年 月 日

实训任务：

实训过程考核（70分）	赋分标准	分值	得分
专业技能	能够说出仪器设备的名称和用途。	4	
	能进行试剂准备和设备调试。	4	
	能够熟练进行测定操作过程。	8	
	能根据测定结果值，计算出土壤速效氮的含量。	8	
	能准确做出对比空白实验值。	6	
学习态度	能提前预习相关知识，并查找相关资料。	10	
	处理问题方法适当，能提出问题和解决措施。	10	
素质能力	在班级内能根据任务需要与他人愉快合作，有团队协作意识。	5	
	在完成任务过程中愿挑重担，有责任心。	5	
	在过程中善于沟通，能赢得他人的好感和认同。	5	
	能愉快地接受任务，认真研究任务需求，热爱本次实训过程。	5	
实训成果考核（30分）	能测算出土壤速效氮的含量值。	7	
	能熟练配制各种试剂，掌握用扩散法进行土壤速效氮测定的各种操作和计算。	15	
	上交作业和实训报告。	8	
总评		100	

任务八 土壤速效钾含量的测定（醋酸铵浸提-火焰光度法）

知识目标：掌握土壤离子交换吸收、土壤钾离子存在状态和钾肥施用等相关知识。

能力目标：掌握土壤速效钾含量测定的全过程，学会各种试剂的配制。

一、实训目标

通过本实训，要求掌握测定土壤速效钾的基本原理和操作技能，并能运用测定结果判断土壤供钾能力，为合理施肥提供依据。

二、实训准备

（一）仪器

天平（感量为 0.01 g）、振荡机、火焰光度计、锥形瓶（100、50 mL）、量筒（50 mL）、容量瓶（50 mL）、漏斗等。

（二）试剂配制

（1）1 mol/L 醋酸铵溶液 称取 77.08 g 醋酸铵（化学纯）溶于 900 mL 蒸馏水中，用 1∶1 氢氧化铵和稀醋酸调节 pH 到 7.0（用酸度计测定，也可以用溴百里酚蓝为指示剂，调至绿色即为 pH 7.0）。

（2）钾标准溶液 准确称取经 105℃烘 4～6 h 的氯化钾（分析纯）0.190 7 g 溶于 1 mol/L 中性醋酸铵溶液中，定容到 1 L，即为 100 mg/L 钾标准溶液。

（3）钾系列标准溶液 用移液管准确吸取 100 mL/L 钾标准溶液 0、1、2.5、5、10、20 mL 分别放入 50 mL 容量瓶中，用 1 mol/L 中性醋酸铵溶液定容，即得 0、2、5、10、20、40 mg/L 钾系列标准溶液。

三、实训方式（醋酸铵浸提-火焰光度法）

先简单讲解一下土壤钾素的存在状态，土壤速效钾的供应和有效性方面的知识。

土壤速效钾中 95%左右为交换性钾，水溶性钾只占极少部分。因此，用中性醋酸铵作为浸提剂，NH_4^+ 将土壤胶体上吸附的 K^+ 代换下来，浸出液中的 K^+ 可直接用火焰光度计测定。

四、实训实施

本实训在土化实验室统一进行。

(一)实施过程

(1)称取通过 1 mm 筛孔的风干土样 5.00 g 于 100 mL 锥形瓶中,加入 1 mol/L 中性醋酸铵溶液 50 mL,用橡皮塞塞紧,振荡 30 min,立即用干滤纸过滤,滤液承接于小锥形瓶中,直接在火焰光度计上进行测定,记录检流计读数。

(2)工作曲线绘制:以钾系列标准溶液中浓度最大的一个,定火焰光度计上检流计的满度(90～100),以"0"调仪器零点。然后从稀到浓依次测定,记录检流计的读数。以检流计读数为纵坐标,以钾浓度为横坐标,绘制工作曲线。

(二)结果计算

$$\text{土壤速效钾 K(mg/kg)}=\text{从工作曲线上查得的 K 含量值}\times\frac{\text{浸提液体积}}{\text{风干土样质量}}$$

(三)注意事项

(1)浸出液和含醋酸铵的钾系列标准溶液不能放置太久,以免长霉影响测定结果。

(2)若浸出液中钾的浓度超过测定范围,应用 1 mol/L 醋酸铵溶液稀释后再测定。

(3)加入醋酸铵浸提剂于土壤样品后,不宜放置过久,否则可能有一部分交换态钾转入溶液中,使测定结果偏高。

参考指标如下:

土壤速效钾/(mg/kg)	＜70	70～150	＞150
土壤供钾水平	低	中	高

五、实训成果

1.本项实训的技能目标:能熟练配制各种试剂,掌握用醋酸铵浸提-火焰光度法进行土壤速效钾测定的各种操作和计算。

2.作业

(1)配制系列钾溶液时,为什么要用浸提剂稀释、定容?

(2)写出实训报告。

任务考核评价：

土壤速效钾含量的测定考核评价表

学生姓名： 班级： 学号：

指导教师： 填表日期： 年 月 日

实训任务：

实训过程考核（70分）	赋分标准	分值	得分
专业技能	能说出设备仪器的名称和用途。	4	
	能进行准备试剂配制和设备状态调试。	4	
	能够熟练进行操作测定。	8	
	能用测定的结果和绘制工作曲线。	8	
	能根据工作曲线测定出土壤速效钾的含量。	6	
学习态度	能提前预习相关知识，并查找相关资料。	10	
	处理问题方式适当，能提出问题和解决方案。	10	
素质能力	在班级和组内能根据任务需要与他人愉快合作，有团队和协作意识。	5	
	在完成任务过程中，愿挑重担，有责任心。	5	
	在过程中，善于沟通，并能与他人很好相处。	5	
	能愉快地接受任务，积极参与，并认真研究任务的要求，热爱本次任务和实训。	5	
实训成果考核（30分）	能测定出数值结果，绘制出工作曲线。	10	
	能熟练配制各种试剂，掌握用醋酸铵浸提-火焰光度法进行土壤速效钾测定的各种操作和计算。	12	
	上交作业和实训报告。	8	
总评		100	

任务九 堆肥的积制

知识目标：掌握有机肥料的相关知识。

能力目标：掌握堆肥积制的全过程，培养不怕脏、不怕苦、不怕累的勤劳品质。

一、实训目标

堆肥是我国农村最常用的有机肥料，它取材方便，富含有机质和多种养分，可用来配制营养土和育苗用肥，对改土培肥有重要作用，要求通过实训掌握堆肥的积制方法和施用技术。

二、实训准备

（一）场地准备

选择地势平坦、通水、运输方便的场所。

（二）材料准备

（1）各类秸秆或落叶、杂草。

（2）人畜等粪尿肥。

（3）草木灰或石灰。

（4）干细土。

（三）仪器用具

锹、镐、筐、锄头、粪桶、铡刀、水桶等。

三、实训方式

直接参与操作的方式。

先简单讲解一下有关有机肥和堆肥方面的基本知识。

以实际直接操作的方式进行。该实训方式，重在亲身体验，体验农民成年累月与粪水打交道的辛苦、不易和其中的乐趣，同时，也是亲身经历和学习农民好品质的一次好机会。

四、实训实施

根据班级人员情况，分组、分工到人，再统一进行。

(1)选地势平坦、近水、运输方便的场所,先把地面整平、整实,铺上一层10～25 cm的草皮或干细土,然后均匀地铺上一层20～30 cm厚的铡短的秸秆、杂草或落叶等。泼一层稀的人畜粪尿,再撒上少量的草木灰或石灰,上面再铺上一层厚7～10 cm的干细土,土太干时,适当泼水湿润。同时注意,四周用稀泥封住。

依此,一层一层地、边堆边踏实,堆至1.5～2.0 m高为止,最后用稀泥封顶。

(2)一般,1个月左右翻堆一次,同时,加粪水,再堆2～4个月即可腐熟。

(3)积制高温堆肥和普通堆肥略有不同,一是要用骡马粪,二是干细土数量要减少,三是翻堆时间要提前。

(4)当堆肥达到黑、烂、臭、湿时,即可施用。

五、实训成果

1.本项实训的技能目标:掌握堆肥积制过程中的各种操作,达到能因地制宜地制造各种有机肥料。

2.作业

(1)堆肥积制的影响因素有哪些?如何调控?

(2)堆肥腐熟的标志有哪些?

(3)写出实训报告。

任务考核评价:

堆肥的积制考核评价表

学生姓名: 班级: 学号:

指导教师: 填表日期: 年 月 日

实训任务:

实训过程考核(70分)	赋分标准	分值	得分
专业技能	能够熟练使用各种设备用具。	10	
	根据各组分担任务,能地将各种物料运送到位。	5	
	能够熟练掌握堆肥积制的全过程。	5	
	能熟练操作自己分担的任务,使自己负责的环节圆满完成任务。	7	
	能在收工时,保持自己的用具设备洁净完好。	3	

续表

实训过程考核（70分）	赋分标准	分值	得分
学习态度	能提前预习相关知识，并查找相关资料。	10	
	处理问题适当，能提出各种问题和解决措施。	10	
素质能力	在班级和组内能根据任务需要与他人愉快地合作，有团队协作意识。	5	
	不怕脏、不怕累、不怕苦挑重担，责任心很强。	5	
	善于沟通，使任务进行顺利，并能赢得他人的认同和好感。	5	
	能愉快接受任务，积极参与，热爱实训过程。	5	
实训成果考核（30分）	合作堆肥成功，自己负责的环节没出问题。	10	
	掌握了堆肥积制过程中的各种操作，达到能因地制宜地制造各种有机肥料。	10	
	上交作业和实训报告。	10	
总评		100	

任务十　营养土和水培营养液的配制

知识目标：掌握植物营养与施肥原理的相关知识。

能力目标：认识各种肥料和良好土壤，掌握不同类型营养土和水培营养液的配制过程。

一、实训目标

园林花卉的盆栽用土以及各类作物苗床用土，都需要制备营养丰富、物理性能良好的土壤；无土栽培的普及，营养液的配制是关键技术之一。要求通过本实训，掌握营养土的制备和水培营养液的配制技术。

二、实训设备

(一)器材用具

天平(200 g,精确至 0.1 g)、台秤、量筒(500 mL)、贮液瓶(10 L)。

(二)肥料

过磷酸钙、磷酸、硝酸钾、硫酸镁、硝酸钙、硝酸铵、硫酸钾等;菜园土、腐熟猪粪肥或厩肥等。

三、实训方式

理论与具体实践相结合的方式。

先简单讲解一下植物营养和土壤养分供应的基本知识,再粗略介绍一下营养土和无土栽培的基本知识,以及这些年国内外的发展概况。

在理论的指导下,在实践中要具体问题具体分析,就地取材,本着方便、合理利用外物的原则,因地制宜地配制出可用的营养土和无土栽培营养液。

四、实训实施

根据人员情况,分组、分工协作进行。

(一)营养土的配制

不同用途的营养土其配合比例不同。

(1)播种用营养土　菜园土(或田土)3 份,粪肥 5 份,沙质土 2 份。充分掺混。

(2)假植用营养土　菜园土 4 份,粪肥 4 份,沙土 2 份。充分掺混。

(3)定植用营养土　菜园土 5 份,粪肥 3 份,沙土 2 份。充分掺和。

上述配方中,如果没有菜园土,也可用塘泥、河泥或其他富含有机质的土壤代替,视当地的材料情况及植物要求而定,如喜酸的花卉,可用红壤土代替菜园土等。同时,每立方米可加入过磷酸钙 1～2 kg,硫酸钾 0.5～1 kg,以补充磷钾养分。

(二)水培营养液的配制

1. 常见营养液配方

目前,已发表的营养液配方有几百个,北京蔬菜中心生菜营养液配方见表 2-2。

表 2-2 北京蔬菜中心生菜营养液配方

养分	N	P	K	Ca	Mg
配方浓度/(mg/kg)	210	110	367	100	18
配方用肥及用量	①H_3PO_4 223 mL/t；②$Ca(NO_3)_2\cdot 4H_2O$ 589.2 g/t；③KNO_3 886.9 g/t；④NH_4NO_3 57.1 g/t；⑤$MgSO_4\cdot 7H_2O$ 182.5 g/t；⑥K_2SO_4 53.7 g/t				

2. 肥料原液的配制

(1)A 液　在 10 L 容器中，加水 8 L，加入 H_3PO_4 223 mL，称取 KNO_3 886.9 g，NH_4NO_3 57.1 g，$MgSO_4\cdot 7H_2O$ 182.5 g，K_2SO_4 53.7 g，分别溶解后倒入容器中，加水定容到 10 L，即为 A 液。

(2)B 液　称 $Ca(NO_3)_2\cdot 4H_2O$ 589.2 g，倒入容器 B 中，加水 10 L 溶解，为 B 液。

3. 微量元素肥料

称取 FeEDTA 16 g，H_3BO_3 3 g，$MnSO_4$ 2 g，$ZnSO_4$ 0.22 g，$CuSO_4$ 0.08 g，$(NH_4)_2MoO_4$ 0.5 g，如需要量大，可按上述比例称取，混匀磨碎。

(三)营养液配制顺序

(1)加水　先在营养液池中加入 90%的水，如配 1 t，先加水 900 L。

(2)加原液　按预定浓度加入 A 液和 B 液，如配制 EC(电导率)为 2.2 mS/cm 生菜营养液，则加入 A 液 10 L，混匀后再加 B 液 10 L，然后，把水补足到 1 t。

(3)加微肥　加入 20 g 混合的微肥。

(4)测试　pH 用酸度计测定，EC 值用电导率仪测定，看与预配值是否相符。

如果 pH 和 EC 值与预配值不相符，则需要用酸、碱液和电导液进行适当调节。

五、实训成果

1. 本项实训的技能目标：熟练掌握各种营养土和水培营养液配制的操作及程序，在不同环境条件下，能根据生产的需要，因地制宜地配制出营养土和水培营养液。

2. 作业

(1)配制营养土时应注意哪些问题？

(2)配制营养液时应注意哪些细节?

(3)写出实训报告。

任务考核评价:

营养土和水培营养液的配制考核评价表

学生姓名: 班级: 学号:

指导教师: 填表日期: 年 月 日

实训任务:

实训过程考核(70分)	赋分标准	分值	得分
专业技能	能够认识各种土壤及配料,认识各种化肥。	7	
	能准确按土、肥比例配制出各种营养土。	7	
	能够熟练配制出需要的营养液。	7	
	能熟练掌握营养土和营养液的配制操作过程。	5	
	掌握了营养液的配制程序。	4	
学习态度	能提前预习相关知识,并查找相关资料。	10	
	处理问题方法好,能提出各种问题和解决方案。	10	
素质能力	在班级和组内能根据任务需要与他人进行愉快合作,有团队协作意识。	5	
	在完成任务过程中愿挑重担,有高度的责任心。	5	
	善于沟通,并能赢得他人的认同和好感。	5	
	能愉快地接受任务,积极参与,并认真研究任务需求,热爱本次实训过程。	5	
实训成果考核(30分)	配制出营养土和营养液。	10	
	熟练掌握各种营养土和水培营养液配制的操作及程序,在不同环境条件下,能根据生产的需要,因地制宜地配制出营养土和水培营养液。	12	
	上交作业和实训报告。	8	
总评		100	

任务十一　土壤、肥料调查

知识目标：掌握高产田、低产田以及土壤利用与改良和肥料施用的相关知识。

能力目标：学习掌握有关农业、农村调查方法，掌握高产田利用、中低产田改良、一个地区肥料结构及科学施用的调查技巧和全过程。培养深入农业生产一线，与农业、农村、农民近距离接触的实践精神，树立自信，坚定信念，脚踏实地，争做一个现代科技型的农民、农场主或农业企业家。

子任务一　当地主要土壤类型调查

一、实训目标

通过调查，摸清当地土壤的主要类型、面积和分布。要求初步掌握土壤调查的基本方法，了解主要土壤类型的特征及障碍因素，提出因土种植、合理施肥和培肥改土的措施，从而提高学生发现、分析和解决生产问题的能力。

二、实训准备

(1)组织准备　将一个班级分成4～5个小组，选组长或负责人，每组调查内容的分配，应有所侧重，并做到人员分工明确，各负其责。

(2)资料准备　调查前，要尽量收集好调查区的有关资料，如土壤普查总结、图件及当地基本情况等。

(3)物质准备　土壤速测箱，铁铲，卷尺，样本盒，取土袋，剖面记载表等。

(4)现场准备　从教学角度出发，应选择土壤类型较多、有代表性的地区作为调查现场，这样有利于对当地主要土壤类型有一个全面的了解。

三、实训方式

1. 现场观察

首先，请当地老农带路，在调查区范围内按土壤类型进行勘踏，并初步勾画出土类分布草图。具体调查某一土壤类型时，应按土壤剖面观察记载的要求，选择有代表性地段，挖掘土壤剖面，然后按剖面调查项目，划分层次，量取土层厚度，再进行分项鉴定并采集剖面标本。同时要记载作物生长、土壤利用改良等情况，并绘制剖面草图等。如有必要时，还必须同时取农化土样及分层土样，以便带回室内进一步进行理化分析和研究。

2. 调查访问

主要访问当地有实践经验的村组干部和老农，可采取座谈或单独访问等方式进行，争取多收集有关材料。

3. 确定土壤类型

各组根据现场调查及访问，经过讨论确定被调查的土壤类型，总结出其主要理化特性和分布。

四、实训实施

1. 成土条件的调查

(1)地形　了解调查区内地形，如山地、丘陵、盆地、河谷、平原等。

(2)植被　了解自然植被和人工植被的种类、分布、长势及利用状况等对土壤形成的影响。

(3)母质　了解成土母质(岩)及其特征特性，以及母质对土壤肥力的影响。

(4)气候　了解当地的降水、气温、无霜期、蒸发量等情况。

(5)土壤侵蚀　了解土壤侵蚀类型与程度，并调查其成因。

(6)地下水位及水质　了解地下水位的高低及矿化度，以及灌溉水质对作物和土壤有无影响。

(7)农业生产情况　了解当地耕作、施肥、改土培肥等农业技术措施，用土改土经验及各种农作物的产量水平等。

2. 典型土壤剖面的观察

通过当地各典型土壤剖面的观察，了解各种土壤类型的理化性状，其主要内容是：土层排列、各层厚度、土颜色、结构、质地、石灰反应或亚铁反应和 pH 等。

五、实训成果

通过野外土壤类型的调查及室内化验分析后，及时进行资料整理，写出调查报告，其内容：目的意义、方法步骤、调查结果与建议(包括各土类名称、面积、分布及主要理化特性和利用状况、存在的问题及改良利用意见)。

子任务二　高产土壤肥力特征调查

一、实训目标

了解高产土壤的肥力特征，总结当地群众建设高产土壤方面的经验，掌握培育高产土壤的途径，以提高学生的实践能力。

二、实训准备

调查前，老师要先确定好调查单位和调查内容，指导学生写好调查提纲，作好调查前的准备，如速测箱和用具等。本项调查，可以小组或个人利用节假日回乡，或在学校附近组织调查。

三、实训方式

可根据当地实际情况，对某一种土壤类型，进行专题调查。具体调查方法有：

(1)现场调查　了解土壤成土环境、灌排条件、作物生长发育状况及产量水平等。

(2)土壤剖面观察　主要是调查其土体构造，如各层排列及厚度，有无障碍层次，以及土壤质地、结构、根系分布、孔隙状况等，并进行 pH、亚铁、亚锰、硫化氢和有效养分的简易测定，有条件的还应采集农化分析样品，进行室内分析。

(3)走访高产专业户　了解该户土壤的特性、肥力状况、耕性、生产性能、产量水平、水肥管理，以及改土培肥经验等。

四、实训实施

对照下列高产土壤条件，拟定具体调查项目：

1. 高产水稻土

(1)良好的土体结构

①松软肥厚的耕作层(Aa)：要求深(耕层深度 18～20 cm)、软(即不浮又不板)、肥(养分含量高)、松(土壤结构好)。

②发育适度的犁底层(Ap)：要求松紧适度，厚度 7～8 cm。

③水、气协调的渗育层(P)：要求多呈棱块或棱柱状结构，通气爽水，厚度 30～40 cm。

④保水性能好的潴育层(W)：要求土质相对紧实，保水性好，土体呈小棱块状

结构，厚度在 20～30 cm。

高产水稻土要求在 70～80 cm 的土层范围内不能有白土层、青泥层和铁屑黄泥层等障碍层次，地下水位要在 80 cm 以下。

(2)良好的物理性状

①土壤质地：要求为中壤至轻黏土。

②土壤结构：要求泥质绵软，土块易碎，水稳性微团粒多。

③水、气、热条件：要求水源充足，水质好；地势平坦，开阔，阳光充足，易升温；土壤通透性好，爽水。

(3)协调的保肥、供肥性能　要求土壤有机质含量丰富，有效养分含量多，水气协调，养分比例恰当，pH 中性。

2. 高产旱地土壤

(1)要求土体厚度在 1 m 以上，最少在 80 cm 以上。

(2)耕作层厚度在 20 cm 以上。

(3)土体构造应是“上虚下实”，土性柔和，疏松，无障碍层次。

(4)土壤质地以壤质土最为理想。

(5)土壤有机质含量和各种有效养分含量较丰富。

(6)地势较平坦，土地平整，灌排渠系完善，抗逆力强。

五、实训成果

写出总结报告：内容包括调查的基本情况、土壤特性和肥力状况，以及改土培肥的主要经验等。

子任务三　中低产土壤改良利用调查

一、实训目标

运用所学知识，分析中低产土壤产量低而不稳的原因，总结群众在提高中产田，改良低产田方面的经验，为本地区农业生产的均衡增产提供有益的建议。

二、实训准备

(1)现场准备　在调查前，老师与各组长应深入典型单位或农户了解具体情况，并确定 1～2 个调查点。

(2)组织准备　把全班分成4～5个小组，以组为单位分别拟出调查提纲。同时，指导教师要介绍有关情况，说明调查目的、要求和调查方法等。

(3)物质准备　每个小组要准备速测箱、铁铲或铁锹、米尺、土温计、土色卡、样本盒、采样袋和记录本等。

三、实训方式

(1)现场调查　主要了解土壤的成土条件，观察作物种类、生长状况和产量水平，并通过对改良前后的土壤剖面观察和速测，了解土壤主要理化性状和变化情况，从而找出其存在的问题。

(2)座谈访问　请当地乡村干部、技术人员或有经验的老农，全面介绍有关改土情况，然后深入有关农户，从改土前后的变化，讨论其土壤特性、生产状况及改良利用措施等。

四、实训实施

1. 水稻土

(1)中低产水稻土类型，如潜育型、黏沙型、矿毒型、板结型、缺水型等。

(2)各种类型水稻土面积及分布情况。

(3)各种类型水稻土主要理化性状，如土壤结构、质地、pH、氧化还原状况、有机质和速效养分的含量、耕性生产性能及保水保肥能力等。

(4)各种类型水稻土的水稻生长状况、产量水平及管理措施等。

(5)当地群众改良利用经验。

2. 旱地土壤

(1)中低产田旱地土壤低产的原因，如土层浅薄、漏水漏肥、黏瘦、多砾石、干旱等。

(2)各种类型中低产旱地土壤的面积和分布状况。

(3)各种类型中低产旱地的成土条件，如母质、地形、气候、地下水等。

(4)各种类型中低产旱地的作物种类、生长状况及产量水平等。

(5)各种类型中低产旱地土壤的主要理化性状，如土壤结构、质地、pH、有机质和速效养分的含量、盐碱状况、抗旱能力等。

(6)当地群众改良利用经验。

五、实训成果

依据所获资料，分组讨论，分析低产原因，拟出改良利用措施。每人针对不同土壤类型，写出调查报告，其内容主要包括调查过程、基本情况、低产原因和改良利用措施等。

子任务四　肥料及其结构调查

一、实训目标

通过调查，了解当地常用的肥料，掌握肥料结构与培肥土壤和作物产量之间的关系，并掌握肥料结构调查方法，并提出适合本地区的施肥结构模式。

二、实训准备

(1)组织准备　把全班分成4～5个调查组，选出组长，各组拟定调查提纲，经指导老师审阅修改后，执行调查。

(2)现场准备　在学校附近的农村，选择高产、中产、低产三类典型农户各四五家，调查其常用肥料的种类和施肥结构情况。

(3)物质准备　各组配速测箱、铁锹、取土袋、样本盒、卷尺和记录本等。

三、实训方式

1. 田间调查及分析测定

(1)实地调查土壤类型、成土母质、环境条件和灌排条件。

(2)调查作物长势长相和产量水平等。

(3)测定土壤有机质、速效养分、pH、质地等。

2. 座谈访问

各组分别找高产、中产、低产农户各两家(高产和中产户或是高产和低产户)，对照调查内容，分别进行座谈访问，获得有关资料和数据，做好记录。

四、实训实施

对高产、中产、低产典型农户均应调查如下情况：

(1)近年来施用的有机肥料和无机肥料种类和数量(按亩施用量计算)，主要是氮、磷、钾肥的用量(按有效成分计算)和种类。

(2)近年来种植作物类型、生长状况、产量水平及各种作物施肥种类和数量。

(3)近年来土壤肥力变化情况。

五、实训成果

在调查访问和化验分析的基础上，各组进行认真讨论，每人写出调查报告，其内容包括调查方法、调查内容、结果与分析(可用对比分析法)及建议等。

子任务五 配方施肥技术调查

一、实训目标

了解当地农村配方施肥的基本方法和效益，掌握配方施肥的一般程序、有关参数的确定及具体实施办法。

二、实训准备

选择配方施肥技术开展较好的农科站或农村组、示范户等，作为调查现场。分好组，准备好调查用具等。

三、实训方式

(1)请当地主管配方施肥的农业技术员介绍，了解配方施肥情况，收集有关资料。

(2)请当地配方施肥技术推广好的农民(群众)，介绍配方施肥的执行情况、经验、经济效益及存在的问题等。

(3)在指导老师的指导下，进行一些实地调查。

四、实训实施

要根据当地开展配方施肥的方法而拟定，一般要调查的内容有：

(1)配方施肥的种类、作物品种、生长状况、产量水平和经济效益等。

(2)目标产量的确定方法。

(3)单位产量养分吸收量的应用和测定。

(4)土壤供肥能力的确定方法。

(5)施用肥料的种类(包括有机、无机肥比例)及其利用率。

(6)有机肥和无机肥的换算方法。

(7)施肥量的计算方法。

(8)基肥和追肥的比例，及追肥施用的时期和施肥方法。

五、实训成果

根据调查资料，要求每个学生写出配方施肥技术的调查报告。其内容主要包括：基本情况、做法、效益、收获和体会等。有可能时，根据调查资料拟定一份某种作物的配方施肥技术方案。

1. 本项实训的技能目标：掌握当地农业、农村、农民调查的方式方法，学会与当地农民打交道的方式与技巧，掌握各种调查内容和全过程，能写出各种调查报告。

2. 作业：写出自己在土壤、肥料调查过程中的见识与思考。

任务考核评价：

土壤、肥料调查考核评价表

学生姓名： 班级： 学号：

指导教师： 填表日期： 年 月 日

实训任务：

实训过程考核（70分）	赋分标准	分值	得分
专业技能	能够参与各子任务调查。	4	
	能完成5个以上调查项目。	5	
	掌握了子任务的调查内容和调查过程。	6	
	能深入农业生产第一线，与农民融洽交流，从农民或农技人员口中获得第一手资料。	10	
	能将获得的资料整理成文章。	5	
学习态度	能提前预习相关知识，并查找相关资料。	10	
	处理问题方式适当，能提出问题和解决方案。	10	
素质能力	在组内能根据任务需要与他人愉快合作，有团队协作意识。	5	
	在过程中愿挑重担，不怕困难，有责任心。	5	
	完成任务过程中，能独立担当一面，善于沟通。	5	
	愉快接受任务，积极参与任务，热爱本次任务。	5	
实训成果考核（30分）	写出各子任务的调查总结或报告。	10	
	掌握了当地农业、农村、农民调查的方式方法，学会与当地农民打交道的方式与技巧，掌握各种调查内容和全过程，能写出各种调查报告	15	
	上交本次土壤、肥料调查的见识与思考。	5	
总评		100	

任务十二 配方施肥栽培试验

知识目标:掌握科学施肥及与配方施肥有关的相关知识。

能力目标:掌握配方施肥栽培试验的设计和实施的全过程,培养和提升科学种田的动手能力和实践精神。

一、实训目标

丰产栽培技术试验,是综合运用土壤肥料科学基本理论知识,协调土壤、肥料和作物之间的关系,探讨作物高产规律,以达到巩固课堂知识和实际运用"测土配方施肥"的目的。要搞好丰产栽培试验,首先要收集有关"配方施肥"所需要的各种参数。通过本次试验,要求基本学会一种作物的一种配方施肥方法和丰产栽培技术。

二、实训准备

(一)制定试验计划

(1)作物品种 主要作物任选一种(玉米、大豆、水稻、花生、小麦等皆可)。

(2)目标产量 按配方施肥法来确定。

(3)配方施肥方法 养分平衡法。

(4)试验面积 1亩(667 m^2)以上。

(二)选好试验地

无论旱地还是水田,都需要地势平坦,通风向阳,土壤肥力中等,具有一定代表性,排灌较为方便的地块。

(三)备好肥料、种子和秧苗

备足有机肥,并要堆制腐熟;化学肥料在试验前备齐。选用适宜于当地的优良作物品种,种子要去杂去劣,水稻要及时培育壮秧。

(四)物质准备

准备好仪器、药品及测绳、记录本等各种用具。

(五)资料准备

收集、了解当地的施肥水平、肥料种类、施肥方法、作物产量、生产措施和其他生产条件及有关配方施肥所需要的参数。

三、实训方式

本实训采用理论与实践相结合的方式。先讲解配方施肥的基本原理和相关理论知识。并通过理论计算,将计算的结果在实践执行实施。一定要在实践和执行中做好观察和记录。

该实训的时间较长,要经历作物一个生长季,需要提早准备,计划周全,合理安排人力物力,并可穿插在其他实训过程中。

(一)事先计算(根据目标产量,计算养分需要量)

养分需要量是目标产量和作物单位面积产量养分吸收量的乘积与土壤养分供应量之差。

(1)目标产量确定　目标产量的确定要参考《土壤肥料学》书有关“配方施肥”一章,结合当地各种作物常年的单位面积产量和各种作物施肥情况,以及各种作物单位面积产量的养分吸收量而定。

(2)土壤养分供应量的计算　参考有关书上“配方施肥”和“各种作物施肥及养分吸收”章节进行计算。

列表 2-3 计算施肥供应的养分数量。

表 2-3　施肥供应养分计算　　kg

养分种类	N	P_2O_5	K_2O
目标产量吸收的养分			
土壤供应的养分			
施肥供应的养分			

(二)制定施肥计划

根据施肥供应养分的数量、肥料的种类和数量、作物种类和基肥与追肥的养分比例(一般为 6∶4),制定施肥计划表(表 2-4)。

表 2-4 施肥计划表

基、追肥的养分分配		肥料名称	肥料数量/kg	养分含量/kg			施肥时期	施肥方法
				N	P_2O_5	K_2O		
基肥	养分供应量的 60% N P_2O_5 K_2O							
追肥	养分供应量的 40% N P_2O_5 K_2O							

注：如施种肥，把种肥记入基肥栏中，表中的施肥时期和施肥方法，要根据作物填写。

四、实训实施

全班分组、分工，并责任到人，统一进行。

（一）土壤耕作和作物播种、移栽

玉米田在进行耕耙平整后，犁沟施基肥做垄，播种前注意土壤墒情，播种后要喷施除草剂，出苗后还要间苗或补苗，保证不缺苗。

水稻田施足基肥后，进行耕耙平整。移栽插秧前，田中灌浅水，细整一次，然后移栽插秧。插秧密度和每蔸株数，根据作物品种特性确定。

其他作物，根据需要和要求进行耕种，该施的基肥要及时施足。适合条播或穴播的作物，应根据当地条件进行适当播种。

（二）田间管理

作物施肥，按施肥计划表进行，其余管理措施同大田作物（表 2-4）。

（三）观察记载

及时记载作物各生长期的管理操作和作物生长性状。

（四）收获计产

试验田要单打单收，晒干称重，折算成亩产（667 m^2 产量）。

表 2-4 作物田间管理

作物种类	管理时期	管理措施及其作用
玉米	苗期	查田补苗，适时间苗、定苗，达到苗早、足、齐、壮。
	营养生长期	蹲苗，补足肥水，促根系早发、快发、下扎，苗壮。
	营养生殖(孕穗)期	追肥，促叶、壮秆，争取大穗，使玉米呈现丰产长相。
	生殖(花粒)期	适当补肥水，养根保叶，防早衰，促灌浆，使粒饱满。
	成熟期	防病虫害，促成熟，适时收获。
水稻	返青期	灌浅水，促分蘖，灭杂草，防病虫害。
	分蘖期	中耕 2～3 次，活泥通气，促进新根系生长，适当追肥。
	拔节孕穗期	适时追肥，适度晒田，促根系发育，控制无效分蘖。
	抽穗期	肥水供应充足，防各种病虫害。
	灌浆期	干湿养根，切忌断肥水过早。
	成熟期	适时断水晒田，促进成熟，适时收割晾晒。
其他作物		

(五)试验总结的写法

1. 试验的基本情况；
2. 试验结果 1、2、3……(包括产量及经济效益)；
3. 丰产原因分析 1、2、3……；
4. 存在问题和改进措施。

五、实训成果

1. 本项实训的技能目标：掌握配方施肥栽培试验的设计与实施全过程，熟练实施过程中的各种操作，熟练掌握基肥和追肥的施肥技能，养成科学种田的农业生产习惯。

2. 作业：写出配方施肥栽培试验的总结报告。

任务考核评价：

配方施肥栽培试验考核评价表

学生姓名： 班级： 学号：

指导教师： 填表日期： 年 月 日

实训任务：

实训过程考核（70分）	赋分标准	分值	得分
专业技能	能够计算出配方施肥的各种肥料需肥量。	6	
	能列出配方施肥的合理施肥计划。	6	
	能够事先掌握各试验作物的不同生长期特性和需肥规律。并能预测其生长状况。	6	
	会合理施肥，按计划将肥料施入土壤及作物。	8	
	能准确地进行观察，并做好各种记录。	4	
学习态度	能提前学习相关知识，查找有关配方施肥资料。	10	
	有疑问，能提出问题，并预先提出试验方案。	10	
素质能力	在班级和组内能根据任务需要与他人愉快合作，有团队协作意识。	5	
	完成任务时，不怕脏累，愿挑重担，有责任心。	5	
	善于沟通，与他人和谐相处，大家认同。	5	
	能愉快地接受任务，热爱配方施肥试验过程。	5	
实训成果考核（30分）	有作物收成，有各种作物生长记录和产量结果。	10	
	掌握了配方施肥栽培试验的设计与实施全过程，熟练实施过程中的各种操作，熟练掌握基肥和追肥的施肥技能。	10	
	上交本次任务的总结报告。	10	
总评		100	

参考文献

[1] 陈忠焕，等. 土壤肥料学. 2版. 北京：中国农业出版社，1993.

[2] 金为民，等. 土壤肥料. 北京：中国农业出版社，2003.

项目三　农艺产品生产技术

【知识目标】

1.掌握耕地质量要求。

2.理解农艺作物轮作、间作、套作及复种的概念及设计方法。

3.掌握水稻高产高效栽培的关键技术环节。

4.了解禾谷类作物的形态特征和特点。

5.掌握玉米高产高效栽培的关键技术。

6.了解大豆的形态特征及分类。

7.掌握大豆开花及结荚习性的特点。

8.了解常见经济作物的形态特征及分类。

9.了解甘薯的生物学特性和形态特征及繁殖方式。

10.了解农艺产品产量构成因子的组成。

11.掌握瓜果类蔬菜的结果习性和植株调整方法。

12.掌握茄果类蔬菜的结果习性和整枝方法。

13.掌握农艺植物种子质量检验技术的方法和环节。

14.掌握玉米的制种方法。

15.了解玉米、大豆室内考种的内容和方法。

【技能目标】

1.掌握耕地质量的检验方法。

2.理解农艺作物轮作、间作、套作及复种的设计方法。

3.掌握水稻整地、育秧、移栽、抛秧操作技术。

4.能设计简单的水稻生产技术规程。

5.掌握禾谷类作物形态观察和类型识别。

6.掌握大豆开花顺序和结荚习性的观察方法。

7.能设计简单的大豆生产技术规程 。

8.掌握甘薯高产高效栽培的扦插方法和操作技术。

9.学会分析农艺产品产量构成因子的组成及调整措施。

10.能设计简单的甘薯生产技术规程。

11. 能熟练进行瓜类蔬菜的植株调整技术。
12. 掌握茄果类蔬菜整枝技术。
13. 熟练掌握农艺植物种子质量检验技术的操作过程。
14. 掌握玉米的田间制种技术。
15. 掌握玉米、大豆室内考种的方法和操作。

任务一 耕地质量检查

一、实训目标

通过实训，使学生掌握耕地质量要求及检查方法。

二、实训准备

犁沟尺、米尺、栅状平度尺、木框（面积为 1 m^2）、坐标纸、铅笔等。

三、实训方式

土壤是农作物生产的基础。作物播种前需要利用犁、深松铲等农机具对土壤进行整地，目的是创造良好的土壤耕层结构、耕层构造和适宜的土壤孔隙度，改善土壤中的三相比（即固相、液相和气相），促使土壤中的水、肥、气、热等因子相互协调，为作物生长发育、高产优质创造良好的土壤条件。

耕地可分为翻耕、深松耕、旋耕等基本类型。耕作深度、间隔时间及耕地季节，因各地自然条件、作物、熟制和轮作类型而不同。生产实践上，一般掌握雨季前耕地可深，翻后无水分补给宜浅；土层厚的田块宜深，薄的宜浅；秋（冬）耕应深，春耕应浅；深根作物翻耕要深，浅根类作物要浅。可连续全耕层耕作，亦可深耕与浅耕交替。可年年进行，也可隔年或数年进行一次。翻耕时间一般在秋收后进行。从我国北方气候特点及生产实践来看，土壤秋季翻耕效果优于春季。

1. 翻耕

翻耕又叫犁地、翻地。有全翻垡、半翻垡和分层翻垡三种。全翻垡翻土完全，覆盖严密，灭草作用强，但碎土作用较差；适用于耕翻绿肥、牧草地、荒地或杂草严重的地块。半翻垡翻土和碎土作用较好，适用于一般农田。分层翻垡，耕翻质量良好，既适用于荒地开垦，也宜用于熟地翻耕。主要工具有铧犁和圆盘犁。作用一是可以适当交换耕层上下土壤，改善土壤的理化性状和生物学性状，创造良好的耕层结构。二是疏松耕层，增加非毛管孔隙，提高总孔隙度，增加土壤的通透性，促进好气性微生物活动及养分释放。三是翻埋肥料、残茬、杂草和病虫，为作物播种出苗准备良好的条件。翻耕后的土壤水分易于挥发，这项措施不适于缺水地区。翻耕时期：一年一熟或两熟地区，在夏、秋农作物收获后以伏耕为主，秋收农作物后和秋播农作物前以秋耕为主。水田、低洼地、秋收腾地过晚或因水分过多无法及时秋耕的，可进行春耕。但伏耕优于秋耕，早秋耕优于晚秋耕，秋耕优于春耕。翻耕深度：根据作物种类和土壤性质不同而有所差异。如禾谷类作物和薯类作物根系分布比较浅，耕深可以浅些。大豆、棉花等作物根系分布比较深，耕深可适当深些。一般大田作物耕翻深度，旱地较深的达 21～25 cm，水田耕深一般 15～20 cm 较为适宜。在此范围内，黏土可适当深耕，沙土可适当浅耕。

2. 旋耕

旋耕用旋耕机进行。主要作用是切削、打碎土块，疏松混拌耕层土壤。与翻耕相比，碎土性强。旱耕土壤细碎，水耕表土松软起浆，耕后地面平整。作业一次则可收到翻、耙、平的效果。

我们北方地区，无论旱田或水田，常于翻耕后以旋代耙，能更好地提高整地质量。

3. 深松耕

用深松铲或凿形犁对土壤深松耕。适用于有犁底层或黏盘的农田土壤。松耕深度 30～40 cm。深松耕后既可打破或消除质地坚硬，不透水、不通气的隔层，又不打乱土层，既有利于作物根系生长，又可减轻风蚀、水蚀和土壤水分散失，很适于干旱、半干旱地区的土壤耕作。但深松耕不便于肥料和残茬的翻埋。

将班级学生以小组为单位，结合农事季节，于耕地时随犁进行逐项调查。最后将调查结果各项内容分别填入作业附表中。

四、实训实施

耕地质量指标及检查测定项目和方法如下：

1. 耕地的及时性检查

耕地是否遵守规定的时间，根据当地的土壤气候状况确定是否在适耕期耕翻。在调查耕地及时性的同时，也要对田间状态（留茬多少、高低、杂草、施肥等）进行调查。

2. 耕地的深度检查

耕地深度是耕地质量的一项主要指标。耕地必须达到规定的深度。

耕深检查一般用犁沟尺在犁地进行中测定。方法是：将犁沟尺底座水平放在未耕田的土表面，紧靠犁沟，移动犁沟尺，垂直插入已耕地的沟底，读出游尺上的刻度即为测定的耕地深度。如无犁沟尺也可用一般米尺来进行测定。将米尺的一端直立沟底（立尺），用另一米尺水平地放在未耕地上（横尺），读出横尺处的直尺刻度即为耕地深度。

耕深测定时一般在拖拉机后每隔一定距离检查测定一次。为了使结果准确，应将犁沟旁边及犁底部分的散土除净。如果发现耕深不符合耕地要求时，应将测定结果立即通知耕地人员，以便及时纠正。

用上述方法检查耕深时，必须在犁耕正在进行时测定。特殊情况下如果不能及时做到而是在完成犁耕后才进行测定时。可先弄平 2～3 个相邻垡条，横着垡条扒掉松土直达犁耕底部，再测定其深度。如果在耕后，土壤尚未下沉时检查，应将深度减去 20%；如土壤已下沉则减去 10%～15%，可得出耕深的近似值。

耕地深度检查时，应根据田块大小不同沿对角线取 10～20 点进行计算，然后求其平均数。平均耕深与规定耕深的偏差不要超过 1 cm。同时应注意不要在地头机车转弯处取点测定。

3. 耕地的疏松程度和细碎度检查

疏松程度（疏松系数）：是指耕过土层（疏松层）的深度与实际耕地深度的比率。耕翻后的土壤越细碎，疏松程度越高，则疏松系数也越大。疏松系数用下式求得：

疏松系数＝疏松层的平均深度/实际耕地的平均深度

碎土程度：是以每平方米内大于 5 cm 土块的数量或所占面积来表示。检查的方法是用一个 1 m^2 的木框（框子上每隔 5 cm 纵横拉满铁丝，把它分成 5 cm×5 cm 的孔眼）置于耕后的地面上，计算框内直径大于 5 cm 的土块总面积占木框面积的百分比。

也可用目测法评定，检查翻转的垡块是否散碎、基本散碎、不散碎。

4. 耕地的整齐度检查

耕地整齐度因土壤凝聚性、土壤湿度、耕地进行的速度和犁的安装而不同。

耕地的整齐度可用皮尺横测 10 m。以土面最高点拉平皮尺，高低差不超过耕地深度时为平，否则为不平。

5. 漏耕与重耕的检查

可用测量耕幅的方法检查。即在机车到来之前，用皮尺以沟壁为 0 m，距沟壁 4～5 m 处固定一点。机车通过后，再从新沟壁量到 0 的距离为实际耕幅，将此耕幅与犁的耕幅比较。如实际耕幅大于犁的耕幅就有漏耕，反之，则有重耕。如发现漏耕面积较大时，则须要补耕。

6. 杂草、残茬和肥料掩埋情况的检查

良好的耕翻应完全掩埋杂草、残茬和肥料。如耕地质量不好，有漏耕、重耕、翻垡不良、垡片凌乱，则必然掩埋情况不良。检查的方法是：沿耕地对角线行走，检查没有被掩埋的杂草、残茬和肥料数量，用目测法评定记合格、基本合格、不合格。必要时，可取 1 m^2 的木框，估算其中未被埋没的杂草和残茬数量。

7. 犁沟、沟壁状况的检查

观察犁沟、沟壁是否整齐、直正。记整齐、直正；基本整齐、直正；不整齐、不直正。

8. 回垡、立垡、地头整齐情况检查

观察在耕翻中是否有回垡、立垡等现象，记没有、个别、立垡、回垡多。观察犁在地头起落线是否一致，记地头整齐、基本整齐、不整齐。

9. 垄沟、龙背多少的检查

耕翻要求尽量减少垄沟、垄背。用目测法，一般五铧犁机耕时，50 m 内有一垄沟或垄背为宜，否则为多。

五、实训成果

将耕地质量检查结果(平均值)填入下表：

耕地质量检查记录表

地块名称(号)：	耕地面积(亩)：	检查日期：
机车型号：	机车号：	驾驶人：
犁型号：	带犁刀否：	农具手：
耕翻日期：	实际耕翻日期：	
耕地方法：	田间状况：	

质量指标	实际耕深/cm	疏松程度	碎土程度	耕地整齐度	漏耕、重耕情况		杂草、残茬、肥料掩埋情况	回垡、立垡、地头整齐情况	垄沟、垄背情况	备注
					数目	面积				
检查结果										

任务考核评价：

耕地质量检查考核评价表

学生姓名：　　　　　　　　班级：　　　　　　　　学号：

指导教师：　　　　　　　　填表日期：　　　年　　月　　日

实训任务：

实训过程考核（70分）	赋分标准	分值	得分
专业技能	能够明确耕作方法和作用。	10	
	能够根据耕作情况判断耕作质量。	15	
	能设计耕作方案。	10	
学习态度	能及时独立完成作业和实训报告。	10	
	能完成预习内容并查找相关资料。	5	
素质能力	爱护实训设施设备，遵守实训要求。	4	
	在实训任务过程中踏实肯干，态度端正，具有责任心。	4	
	认真研究实训内容，在完成实训任务的过程中积极主动，严肃认真。	4	
	在分组活动中能根据任务需要，团结协作，具有团队意识。	4	
	在实训中愉快接受任务并与他人愉快合作，善于沟通。	4	
实训成果考核（30分）	能确定耕翻时期及耕翻深度。	10	
	常用耕作机械的选择、操作及维护。	10	
	写出实训报告。	10	
总评		100	

任务二　种植制度调查

一、实训目标

1. 使学生掌握种植制度的调查内容及方法。
2. 加深对耕作制度是农业生产的重要指标的理解。

二、实训准备

笔记本、笔、相机、录像机等。

三、实训方式

种植制度是指一个地区或生产单位的农作物组成、配置(二者称为农作物布局)、熟制与种植方式的总称。种植作物时是采用哪种种植方式,即单作、间作、混作、套作或者是移栽等;不同年份和不同生长季节农作物的种植顺序即如何轮作、连作等。

种植制度研究的内容主要是如何才能实现农作物高产、优质和高效的技术问题,即包括农作物的合理布局技术、复种技术、间混套作技术、轮作连作技术、单元与区域种植制度设计与优化技术等多项内容。它带有比较强的综合性、区域性、多目标性,因而它在生产上所起的作用要比单项技术更重要。

(一)作物布局

(1)作物布局　是指一个地区或生产单位农作物结构与配置的总称。农作物结构包括农作物种类、品种、面积比例等;农作物配置是指农作物在某一区域或田地上的分布,即解决种植什么农作物(粮食作物、经济作物、饲料作物、蔬菜、果树或牧草等)、种多少与种在哪里的问题。生产结构与农作物结构不同,含义比农作物布局或农作物结构更宽,指的是一个地区或生产单位,农、林、牧、副、渔各业种类与比例。

(2)单作　是指同一块田地上种植一种农作物的种植方式。这种方式种植的作物单一,群体结构单一,全田作物对环境条件要求一致,生育期也比较一致,这种种植方式的优点是便于田间统一种植、管理与机械化作业。

(3)间作 是指同一田地上于同一生长期内，分行或分带相间种植两种或两种以上作物的种植方式，用"‖"表示。间作农作物的播种期、收获期可以相同或不同。这种种植方式的优点是能充分利用空间。

(4)套作 是指在前季作物生长后期的株行间播种或移栽后季作物的种植方式，用"/"表示。这种种植方式的优点是能够充分利用空间和时间。

(5)熟制 是我国对耕地利用程度高低的一种表示方法，指一年内种植农作物的季数。如一年二熟，即一年内种植两季农作物，例如春小麦-夏玉米；二年三熟，即二年内种植三季农作物，例如春玉米-冬小麦-夏甘薯。

(6)复种 是指在同一地块上一年内接连种植两季或两季以上的农作物的种植方式。方法包括接茬复种、移栽复种、套作复种和再生复种 4 种形式。是我国农业增产的重要途径。

(7)休闲 是指耕地在可种农作物的季节只耕作不播种或不耕作不播种的方式。是与复种相对的概念。是恢复地力的一种技术措施，包括全年休闲和季节休闲两种方式。

(二)种植制度的调查

一个生产单位的种植制度是在一定的条件下形成的。因此种植制度的调查内容应当包括以下几点：

1.本生产单位自然条件

(1)气候 光(光照强度、光照时间、全年光照总量)、热(积温、有效积温、活动积温、农业界限温度、近地表的气温、地表温度、土壤温度、极端温度、最适温度、物候期等)、水资源(降水量、降水分配规律、地上地下水资源、蒸腾量、空气湿度、土壤含水量、农田水利基本建设等)，无霜期及主要水旱灾发生频率等。

(2)土壤 类型(壤质土、黏质土、沙质土)、比例、分布情况、利用特点。

(3)地形地势特点 如平原、山地、丘陵、高原、盆地等；地势起伏状况、地形倾斜方向、区域地势最高值和最低值等。

(4)杂草 水旱田杂草主要类型、特点、防除方法等。

2.生产条件

耕地面积、劳力、机械、役畜、农田基本建设、水利设施、肥源等。

3.技术管理及生产水平

种子、栽培技术、施肥水平、病虫害防治技术、农牧结合以及主要粮食、经济作物历年产量水平、经济收益等。

4. 作物布局

作物种类(粮食作物、经济作物、蔬菜作物、果树、绿肥牧草等)、品种、面积、比例、分布地段及当年的种植计划等。

5. 复种

轮换倒茬(倒茬年限、倒茬作物的顺序等),间作、套作的主要类型及方式。种植作物的面积、比例、优缺点等。

另外,还有当前存在的问题与改革意见等。

四、实训实施

(1)要选择有代表性的生产队、农场或农户进行调查。

(2)听取有关报告,进行调查访问、座谈。

五、实训成果

写出该生产队、农场或农户种植制度调查报告并提出今后改革的意见和建议。

任务考核评价:

种植制度调查考核评价表

学生姓名: 班级: 学号:

指导教师: 填表日期: 年 月 日

实训任务:

实训过程考核(70分)	赋分标准	分值	得分
专业技能	能够熟练掌握种植制度的基本概念。	10	
	能够掌握种植制度研究的内容。	15	
	能准确对一个单位或农户的种植制度进行调查。	10	
学习态度	能及时独立完成作业和实训报告。	10	
	能完成预习内容并查找相关资料。	5	

续表

实训过程考核（70 分）	赋分标准	分值	得分
素质能力	爱护实训设施设备，遵守实训要求。	4	
	在实训任务过程中踏实肯干，态度端正，具有责任心。	4	
	认真研究实训内容，在完成实训任务的过程中积极主动，严肃认真。	4	
	在分组活动中能根据任务需要，团结协作，具有团队意识。	4	
	在实训中愉快接受任务并与他人愉快合作，善于沟通。	4	
实训成果考核（30 分）	会调查种植制度。	10	
	会制定调查方案。	10	
	写出工作报告。	10	
总评		100	

任务三　水稻育秧技术

一、实训目标

掌握水稻抛秧育苗技术及抛栽技术要点。

二、实训准备

（一）塑料软盘育秧技术

1. 育秧准备

秧苗地适宜选用避风向阳、土壤肥沃、排灌方便的地块。苗床宽 1.3 m 左右，以纵放 2 盘或横放 4 盘较为适宜，沟宽 40～50 cm。每盘准备营养土 1.5 kg 左右。营养土要选择黏度适中、无草籽的沟土、河塘泥或菜园土加入化肥或腐熟猪牛粪。充分翻拌均匀即可。

2. 种子处理

种子需要经过晒种、消毒、催芽等处理。每亩大田常规稻用种量 5～6 kg，杂交稻 2～3 kg。

3. 铺排秧盘

把秧盘整齐地摆放在做好的秧畦上，秧盘铺好后用木板轻压，使秧盘的秧孔突起部分约 1/4 陷入泥土中。

4. 盘内装泥

把调好的营养土装入秧盘内，然后用扫帚把泥浆扫平扫净，使秧盘面基本不留泥土为宜。

5. 均匀播种

待泥浆沉实到孔深 2/3 时即可播种。播种时要均匀一致，每个秧孔常规稻有 5～6 粒种子，杂交水稻 2～3 粒。播后用扫帚蘸薄泥浆轻轻踏谷，并扫净盘面泥土。

6. 覆盖地膜(遮阳网)

早照日晒气温低时，可采用地膜拱盖为好，秧苗三叶时揭膜。晚照日晒强烈，可采用遮阳网覆盖，出苗后及时揭去。

7. 秧苗管理

(1)育秧全过程以半旱式为主。出苗前不必灌水，二叶期保留沟水，三叶期保持畦面湿润，起秧前 3～5 d 停止灌水，让其自然落干。

(2)追肥。1 叶 1 心期施断奶肥，起秧前 5～7 d 施送嫁肥。

(3)防治病害。1 叶 1 心期和 2 叶 1 心期用 2.5 g 敌克松粉剂兑水配成 800～1 000 倍液各喷施 1 次，可预防立枯病和青枯病。

(二)旱育抛秧技术

1. 苗床准备

选择土壤肥沃、疏松透气的菜园地或旱地壤土，每亩大田备苗床 12～14 m^2。

2. 苗床制作

苗床可制成坑式或平板式，按 2 m 开厢整地，厢面净宽 1.4～1.5 m，厢深(高) 0.3 m。将堆沤的有机肥 80 kg 与过磷酸钙 5～6 kg、草木灰 10 kg 混匀后施入厢面，同时施入少量腐熟猪粪水，浅翻使肥料和粪水与土壤混合均匀，整平厢面即可。

3. 浇足底水

采用分次浇水的方法浇足浇透苗床底水，使土层内含水量达到充分饱和，以能起“浆”为度。

4. 浸种包衣

移栽大田亩备种 1 kg，选择“旱育保姆”高吸水种衣剂旱育抛秧型(又名“无盘抛秧剂")包衣,每袋(350 g)拌种剂可拌 1～1.2 kg 种子。采取"现包即播"的方法。包衣前先将稻种放入清水中浸泡 20 min,捞出稻种,沥去多余水分。将种衣剂倒入圆底容器中,然后将浸湿的稻种慢慢加入容器内进行滚动包衣,边加种边搅拌,直到将种衣剂全部包裹在种子上为止。

5. 均匀播种覆膜

采用精量定距播种器将包好的种子均匀播于秧床上,播种后撒上薄层细土盖严种子,起拱盖膜育秧。

6. 苗期管理

注意保温保湿,齐苗后揭开膜并一次性补足水分。2 叶 1 心期前后追施断奶肥,移栽前 3 d 追施"送嫁肥"。抛秧前 1～2 d,用 20%三环唑 750 倍液喷苗,预防稻瘟病。抛秧前 1 d 的下午要浇一次透水,保证拔秧时秧苗根部带有"吸湿泥球"。

三、实训方式

水稻抛秧栽培技术是采用钵体育苗盘或纸筒育出根部带有营养土块的、相互易于分散的水稻秧苗,或采用常规育秧方法育出秧苗后手工掰块分秧,然后将秧苗连同营养土一起均匀撒抛在空中,使其根部随重力落入田间定植的一种栽培方式。这种栽培方法改变了沿袭几千年的农民"脸朝黄土背朝天"的拔秧、插秧传统习惯,具有省工、省力、省种子和秧田、操作简单、高产、稳产、高效的优点,是水稻栽培技术的一项重大改革。

(1)节省劳力,减轻劳动强度。水稻抛秧技术采用软盘育苗,整地方便,抛秧容易。与常规栽插方式相比,一般抛秧稻每亩可省工 2～3 个,工效提高 4～6 倍,提早插秧季节。一般软盘旱育抛栽每个劳力 1 d 可抛栽 4 亩左右,缩短了栽秧时间,抢住了插秧季节。

(2)有利于稳产、高产。抛秧栽培水稻可缩短返青期,促早生快发,尤其是下部节位的分蘖增多,可以提早成熟,有利于高产、稳产。

(3)省种、省专用种田,且有利于集约化育秧。每亩晚稻大田可省杂交稻种 0.7～1 kg。抛秧栽培的秧田与本田比一般为 1∶(30～50),可省种田,且秧苗成秧率高。

(4)节省成本,提高经济效益。在地膜、拱架、育秧肥料、育秧盘等材料上成本均有所降低。

抛秧栽培无须手工一穴一穴地插秧,而是将秧苗在田埂上抛起使秧苗自由下落到田里的过程。抛栽的小苗带有小土坨,秧根入土较浅,田间无行株距规格。抛后秧苗姿态表现不同,有直立,有平躺。因此与移栽稻相比,秧苗的生理特点有很大差异,具体表现在:

(1)秧苗缓苗快,没有明显的返青期。据观察,一般中小苗抛栽,抛后 1 d 露白根,2 d 基本扎根,3 d 长新叶。

(2)分蘖发生早、节位低、数量多,但成穗率稍低。水稻抛秧栽培,茎节入泥较浅,分蘖节位低,分蘖数增加,平均茎蘖总数明显高于手插秧。最高茎蘖数比手插秧增加 30%左右。

(3)根系发达。抛栽的秧苗伤根少,植株受伤轻,入土浅,发根比手插秧早。抛后由于新叶不断发生,分蘖增多,具有发根能力的茎节数迅速增多,发根力增加,根量迅速扩大,且横向分布均匀。

(4)叶面积大。水稻抛栽后,前期出叶速度快,总叶片数多,后期绿叶数多。此外,叶片张角大,株型较松散,田间通风透光性好。抛秧稻各生育期叶面积指数均较大。

(5)单位面积穗数较多,穗型偏小,穗型不够整齐。

四、实训实施

抛秧大田栽培技术要点:

(1)整地　整地要做到地平、泥烂,表层有泥浆,无杂草、杂物。土质黏的田块在抛栽前 1～2 d 整好地。沙质田随整随抛。

(2)适龄抛栽　抛栽叶龄 3 叶左右为好。抛秧先抛 70%,再补 30%。按 2～3 m 留出一条工作道。抛栽时人应退着走抛,并垂直向上高抛,抛高 2.5～3 m,使秧苗落下时垂直扎入泥浆。

(3)施肥　可参照测土配方施肥方法进行。

(4)水分管理　抛栽时宜为薄皮水,抛后 2～3 d 不灌水。在有效分蘖终止期前 3～5 d,茎蘖苗数达 20 万株左右晒田。中后期干干湿湿。

(5)病虫草防治　配套使用化学除草剂除草,并根据病虫预报及时防治病虫害。

五、实训成果

写出水稻抛秧栽培育秧技术过程要点实验报告。

任务考核评价：

水稻育秧技术考核评价表

学生姓名： 班级： 学号：

指导教师： 填表日期： 年 月 日

实训任务：

实训过程考核（70分）	赋分标准	分值	得分
专业技能	能够熟练掌握水稻整地技术。	10	
	能够掌握水稻育秧技术。	15	
	能够掌握水稻抛栽操作技术。	10	
学习态度	能及时独立完成作业和实训报告。	10	
	能完成预习内容并查找相关资料。	5	
素质能力	爱护实训设施设备，遵守实训要求。	4	
	在实训任务过程中踏实肯干，态度端正，具有责任心。	4	
	认真研究实训内容，在完成实训任务的过程中积极主动，严肃认真。	4	
	在分组活动中能根据任务需要，团结协作，具有团队意识。	4	
	在实训中愉快接受任务并与他人愉快合作，善于沟通。	4	
实训成果考核（30分）	会调查水稻抛栽质量。	10	
	能设计简单的水稻生产技术规程。	10	
	写出水稻育秧抛栽技术报告。	10	
总评		100	

任务四　禾谷类作物形态观察和类型识别

一、实训目标

掌握禾谷类作物一般形态特征，正确区分禾谷类作物。

二、实训准备

(1)材料　麦类(小麦、大麦、燕麦、黑麦、小黑麦)、玉米、高粱、水稻、谷子、糜子等作物的种子、幼苗和成株。

(2)用具　放大镜和镊子等。

三、实训方式

禾谷类作物即禾本科的谷类作物。禾谷类作物的种类很多，但在我国北方，一般指禾本科中8个主要的属，即小麦属、大麦属、黑麦属、燕麦属、玉米属、稻属、高粱属和狗尾草属。每个属中又分为若干种，种内又分为若干亚种、变种及品种。因此，种类繁多，但在形态特征和发育上有许多共同特点。

(一)禾谷类作物的形态特征

所有禾谷类作物的籽实都是单粒的果实，其果皮与种皮愈合在一起，在植物学上称为颖果。这种颖果在许多禾谷类作物中还被内外稃包被。因此，有带壳籽实与裸粒籽实之分。籽实有胚，着生在籽实的基部一侧。籽实有背、腹之分。在第一类禾谷类作物中，籽实的腹面有纵沟，称为腹沟。覆盖器官——颖片、外稃和内稃。

果实由果皮、种皮、胚乳、胚、腹沟、冠毛、茸毛等结构组成。

(二)幼苗

禾谷类作物的幼苗，一般具有以下几部分，即初生根、次生根、胚芽鞘、地中茎、分蘖节、分蘖、分蘖鞘、叶片、叶鞘、叶舌、叶耳、叶枕等。

初生根又称种子根。种子萌发时首先由胚部胚根伸出，种子根条数的多少是区分两类禾谷类作物的重要依据之一。第一类禾谷类作物有多条初生根(小麦3～8条、大麦3～7条、黑麦4条、燕麦3～5条)，而第二类禾谷类作物只有1条明显的初生根(玉米、高粱、水稻)。

叶舌、叶耳的有无及其特征是鉴别各种禾谷类作物幼苗的又一重要依据。叶舌位于叶片和叶鞘交接处的内侧，与叶鞘呈平行状态，其两侧长有叶耳环茎，且与叶鞘呈垂直生长状态。

分蘖鞘是分蘖的第一片变态叶，在系统发育上类似于胚芽鞘，有平行的双叶脉（维管束），顶端开裂，分蘖由裂口处伸出。

叶枕位于叶片与叶鞘交接处的外侧，有时也称为叶环。

（三）花序

禾谷类作物的花序，属于穗状花序、复穗状花序、圆锥花序和肉穗花序 4 种，通称为穗。穗的基本部分是穗轴，由茎延伸而成。

（1）穗状花序　穗轴由穗轴节片彼此联结而成。能看到两侧小穗的面为正面。无柄单花小穗直接着生在穗轴节上，如大麦是 3 个无柄的小穗着生在穗轴节上（亦称三联小穗）。

（2）复穗状花序　穗轴节上着生无柄多花小穗者谓之复穗状花序，如小麦、黑麦。

（3）圆锥花序　亦称复总状花序，穗轴上着生多级分枝。其分枝有对生、互生、轮生，小穗着生在第二、三级分枝上，如燕麦、水稻、谷子、高粱、玉米雄穗。

（4）肉穗花序　主要特点是穗轴肉质化，肥大成棒状，如玉米雌穗。小穗由小穗轴、2 片颖片和被颖片包被着的 1 朵或数朵小花构成。颖片一般是革质的，比较硬，但亦有膜质的（如燕麦等）。其顶部有尖（个别作物种或品种延伸成芒状物）。背部有一明显的龙骨（脊）。颖片的发育程度不一，某些作物的颖片狭小呈线状（如大麦、黑麦等）。小花由外稃、内稃和被它们包被着的雌雄生殖器官所构成。外稃顶端多着生芒（无芒品种除外），但芒亦有生于背部者（燕麦）。外稃平滑，多呈革质。内稃为膜质，呈船形，有 2 条明显的脉纹（维管束）。小花可以分为两性花、单性花、退化花 3 种。两性花具有雌蕊（子房、花柱、羽状柱头）1 枚、雄蕊（花丝、花药）3 枚（水稻为 6 枚）、鳞片（浆片）2 片。单性花仅发育了雄蕊或雌蕊，而退化花仅残存了内外稃或仅有 1 片外稃。

（四）第一禾谷类和第二禾谷类的区别（表 3-1）

第一类禾谷类作物（麦类作物）：小麦、大麦、黑麦和燕麦，还包括小麦和黑麦的属间杂种小黑麦。

第二类禾谷类作物（黍类作物）：玉米、高粱、谷子（粟）和水稻，还应该包括䅟稗、蜡烛稗、龙爪稷等，有时也被称为杂粮作物。

表 3-1 两类禾谷类作物的不同点

第一禾谷类作物	第二禾谷类作物
颖果有腹沟	颖果无腹沟
发芽时生出 2 条以上种子根	种子根一般仅为 1 条(玉米除外)
成株一般无支持根	成株一般有支持根
茎多数中空	茎通常被髓所充实(水稻除外)
下位花结实,上位花不育	上位花结实,下位花不育
有春播和秋播型	仅有春播型
在较低的温度下发芽	发芽时要求温度较高
通过光照阶段时要求长日照	通过光照阶段时要求短日照
较不耐旱	比较耐旱(水稻除外)
生育初期生长较快	生育初期生长缓慢
结实器官分化,一般在拔节前开始	结实器官分化,一般在拔节前后或拔节当时开始

(五)麦类作物的区别(表 3-2 至表 3-4)

表 3-2 麦类作物幼苗的主要区别

项目	小麦	大麦	黑麦	燕麦
初生根数目/个	3～6	5～8	4	3
叶片大小及颜色	中,绿、紫	大,淡绿、黄绿	小,紫红、绿、绿深	中,淡绿、绿
叶鞘上茸毛有无	有短茸毛	无	有长茸毛	无
叶舌	较短小	中等大	短小	较大
叶耳	中等大,尖端有茸毛	最大、无茸毛	最小、易凋	无

表 3-3 麦类作物穗的主要区别

项目	小麦	大麦	黑麦	燕麦
花序	穗状	穗状	穗状	圆锥
每穗轴节上着生小穗数/个	1	3	1	小穗梗上着生一小穗
每小穗结实小花数/个	3～5	1(0)	2	1
护颖	宽大多脉有龙骨顶齿	狭小无龙骨	狭窄有明显龙骨	宽大、能包住花部
外颖	光滑无龙骨	具有明显龙骨	龙骨明显有茸毛	光滑、无龙骨
芒着生位置	外颖背部顶端稍下	外颖顶端	外颖顶端	外颖背部顶端下方 1/3 处

表 3-4 麦类作物种子的主要区别

项目	小麦	大麦	黑麦	燕麦
顶端茸毛有无	有或少	无	有茸毛	有茸毛
籽粒表面	光滑	光滑或有皱纹	稍有皱纹	有茸毛易擦去
形状	椭圆、长圆或卵圆	长椭圆、两头尖	较圆长、顶端平齐	长圆形、顶端尖
颜色	白、红	黄色	青灰色、黄褐色	黄色

四、实训实施

1. 观察幼苗的形态特征，找出不同之处；特别注意叶耳、叶舌的有无和大小。
2. 观察种子的形态。
3. 观察成熟植株，正确区别花序的不同。

五、实训成果

1. 比较第一禾谷类作物和第二禾谷类作物的主要区别。
2. 列表说明麦类作物的主要区别。
3. 现场考试，识别常见禾谷类作物种子和幼苗。

任务考核评价：

禾谷类作物形态观察和类型识别调查考核评价表

学生姓名： 班级： 学号：

指导教师： 填表日期： 年 月 日

实训任务：

实训过程考核（70分）	赋分标准	分值	得分
专业技能	能够熟练掌握禾谷类作物的形态特点。	10	
	能够掌握禾谷类作物的分类。	15	
	能准确对一个单位或农户的禾谷类作物进行调查。	10	
学习态度	能及时独立完成作业和实训报告。	10	
	能完成预习内容并查找相关资料。	5	
素质能力	爱护实训设施设备，遵守实训要求。	4	
	在实训任务过程中踏实肯干，态度端正，具有责任心。	4	
	认真研究实训内容，在完成实训任务的过程中积极主动，严肃认真。	4	
	在分组活动中能根据任务需要，团结协作，具有团队意识。	4	
	在实训中愉快接受任务并与他人愉快合作，善于沟通。	4	
实训成果考核（30分）	会区分作物类型。	10	
	学会禾谷类作物分类方法。	10	
	写出实训报告。	10	
总评		100	

任务五 甘薯扦插方法的操作和比较

一、实训目标

掌握甘薯不同扦插方法的技术要求，了解各种扦插方法的优缺点。

二、实训准备

不同节数的薯苗。米尺、剪刀、铅笔等。

三、实训方式

甘薯的别名很多，有地瓜、红薯、红芋、山芋、甜薯等。是我国主要粮食作物之一。含有丰富的营养物质，既可食用、饲用，又可作为轻工原料，用途较广。

甘薯是异花授粉作物，遗传的物质基础很复杂，用种子繁殖的后代群体，性状很不一致，不能保持原有品种的特性，产量较低。所以，在生产上通常不用有性繁殖法，而是利用营养器官进行无性繁殖。因为营养器官遗传性状比较稳定，一般能保持原有品种的特性。生产上多用块根育苗繁殖，或剪取薯蔓栽插繁殖，或用小薯直播繁殖。

甘薯无明显的成熟期。在适当温度等条件下，早栽的生长期较长，薯块大，产量高。适时早栽还可以提高甘薯的品质。春甘薯一般以 5～10 cm 地温稳定在 17℃时为栽秧适期。春甘薯实行适时早栽应注意当时的气候变化情况，栽秧时如遇低温寒流，对扎根缓苗影响很大，所以应选择晴暖无大风的天气栽秧。栽后只要经过 2～3 d 的晴天，即可扎根成活。安排栽秧的时间，可先栽沙质土壤和向阳坡地升温早的田地，后栽黏土和背阴地升温慢的田地。

栽秧密度与栽插方法有关。短蔓直插法宜较密，长蔓水平浅栽宜较稀。由于短蔓直插的茎蔓埋土节数少，秧蔓下部入土深，只结“门薯”，单株结薯少而薯块大，应增加每亩栽秧株数，以保证每亩有足够的薯数，才能获得高产。长蔓水平浅栽法的秧苗较长，埋土节数多，埋土较浅，单株结薯数较多，因此，秧苗可稀些。

总之，甘薯合理密度应因地制宜，要根据具体条件确定栽秧密度。我国北方春甘薯一般以亩栽 3 000～4 000 株为宜。栽秧方式有垄栽单行、大垄栽双行、堆栽等三种方式。

甘薯栽秧方法因秧苗的长短、栽插时期、土壤墒情等不同而有差异。我国常用的几种栽插方法见表 3-5。

表 3-5 我国常见的甘薯几种栽插方法

扦插方法	操作方法	适用条件及评价	
第一类	直插法	薯苗长 15 cm 左右,3～4 节。将薯苗垂直插入土中 2～3 节。深约 10 cm 左右。	适于干旱沙土、丘陵、坡地。由于埋土深,抗旱能力强,成活率高,省工。但结薯少,产量不高。
	斜插法	薯苗不长。将薯苗斜插入土 10 cm 左右和地面成斜角,外露 5 cm 左右。	适于山岭旱地。成活率高、省工。近土面易结大薯,下部薯块不多。
	钓钩插法	大致与斜插法同。栽入土壤中的秧苗下部向上弯曲,薯苗基部弯成钓钩状。秧苗 18～20 cm,埋土较深。	结薯同以上两种。比较耐旱,成活率高。但单株结薯较少,栽插时应适当增加密度。
第二类	水平浅插法	苗长 20 cm,垄面开沟,将薯苗水平压入土内 12 cm 左右,按紧茎节,使之与土壤紧密接触。也有把长苗的基部 1～2 节向土中深插,以增强抗旱能力,称为改良水平插。	适于湿润地区,雨水较多的季节或水浇地。水平浅插法的深度较浅,必须保好墒和浇足水,以利扎根缓苗成活。此法结薯多而均匀,产量高;但不抗旱,用苗量大,费工。
	船底形插法	把薯苗的头尾处埋土较浅,中间向下弯曲压入土中较深,入土部分呈船底形。	适于湿润及浅耕地区,易成活,比水平浅插较耐旱。但苗中部入土较深,结薯不良,形成苗两端结薯大而船底部位结薯小。
	压藤插法	苗长 30 cm 以上。将苗嫩梢和基部老梗部位压入浅土层约 3 cm 左右深,苗的中间压入较深土层;如土壤潮湿,将头尾用泥盖住,叶子腋芽全直立在土外,其余全部再盖薄土。	适于高温、多湿地区。成活率高。结薯多,产量高。但费时、费工、费苗。

四、实训实施

甘薯的扦插方法较多，不论用什么方法都应掌握以下几个要点：

(1)浅栽　浅栽时，土温较高，通气良好，有利发根，结薯早。

(2)压紧　薯苗入土的茎蔓，都必须压紧按实，与土壤紧密接触，有利发根。

(3)浇透水　要浇足窝水，以利扎根成活。

(4)细封窝　栽后要封细盖严，做到“湿土抱苗，细土盖面”，防止跑墒、透风，死苗。

具体的栽插方法可以概括为两大类：一类是苗较短，栽得深而不平；另类是苗较长，栽得浅而平。

方法步骤：以组为单位将以下 6 种插法分别由学生亲自操作，以体会栽插要领。

五、实训成果

1. 栽后调查，栽后 15 d 调查下表各项，将结果填入其中。

栽插方法	调查株数	正常株		枯叶株		小株		死亡株		优缺点	备注
		株数	%	株数	%	株数	%	株数	%		
直插法											1. 枯叶株数是指枯叶片在1片以上的薯苗。2. 小株是苗高不足4 cm、叶片大部脱落的薯苗。
斜插法											
钓钩插法											
水平浅插法											
船底形插法											
压藤插法											

2. 收获时作表说明各种栽法的单株产量并比较各种插法的优缺点。

任务考核评价：

甘薯扦插方法的操作和比较调查考核评价表

学生姓名： 班级： 学号：

指导教师： 填表日期： 年 月 日

实训任务：

实训过程考核（70分）	赋分标准	分值	得分
专业技能	了解甘薯的生物学特性和形态特征。	10	
	掌握甘薯高产高效栽培的扦插方法和操作技术。	15	
	能根据地块的状况特点决定甘薯的扦插方式。	10	
学习态度	*能及时独立完成作业和实训报告。	10	
	能完成预习内容并查找相关资料。	5	
素质能力	爱护实训设施设备，遵守实训要求。	4	
	在实训任务过程中踏实肯干，态度端正，具有责任心。	4	
	认真研究实训内容，在完成实训任务的过程中积极主动，严肃认真。	4	
	在分组活动中能根据任务需要，团结协作，具有团队意识。	4	
	在实训中愉快接受任务并与他人愉快合作，善于沟通。	4	
实训成果考核（30分）	总结甘薯不同扦插方式的特点。	10	
	会制定调查方案。	10	
	写出实训报告。	10	
总评		100	

任务六　豆类作物形态观察和大豆性状演化

一、实训目标

1. 了解和掌握豆类作物的形态特征，正确区别豆类作物的不同类型。

2. 通过野生大豆、半野生大豆和栽培大豆主要农艺性状的比较，了解作物进化过程中性状的演化规律，认识人工选择和定向培育在作物进化过程中的重要性。

二、实训准备

(一)材料

(1)毛豆、豇豆、菜豆、蚕豆、豌豆、扁豆、刀豆和绿豆种子、幼苗和成株。

(2)野生大豆、半野生大豆和栽培大豆的成熟植株。

(二)用具

解剖刀、镊子、放大镜、直尺、电子天平。

三、实训方式

(一)豆类作物的形态特点

豆类作物均为豆科蝶形花亚科。营养价值很高，富含蛋白质、脂肪、碳水化合物、矿质盐类和多种维生素。通常以嫩荚和嫩豆粒供鲜食用。此外，还可制罐、腌制和干制。豌豆嫩梢还可以作绿叶菜食用，干豆粒可随时生产豆芽及其他豆制品。

1. 根

直根系。由主根、侧根和不定根组成。豆科作物根系都有根瘤菌共生，是其主要特点之一。豆类作物根据根系发育情况可以分为3类：

主根明显，入土深，侧根较疏，如豌豆。

主根明显，入土深，侧根较多，如蚕豆。

主根明显，但侧根很发达，如大豆。

2. 茎

豆类作物的茎多为草质茎，但成熟后也有木质化的，如毛豆。茎上有节，在节上长叶和分枝。叶腋内着生花序，可开花结荚。茎秆大多为圆筒形，充实的，如大豆和小豆；中空的，如豌豆；四棱形的，如蚕豆。茎的表面有的密被茸毛，如大豆、花生；也有茸毛很少的，如绿豆；还有光滑的，如蚕豆、豌豆。按茎的生长习性不同，豆类可分为直立型、蔓生型、半蔓生型和攀援型。

菜豆、豇豆和毛豆等的下胚轴有延伸作用，发芽时子叶出土，播种覆土不宜过深。而豌豆、蚕豆和红花菜豆的下胚轴不延伸，发芽时子叶不出土，播种覆土可适当深些。

3. 叶

豆类作物的叶片包括子叶、初生真叶和复叶。豆类子叶系营养物质贮藏器官，不能进行光合作用，待养分消耗完毕即行脱落。第一对真叶多为对生单叶，是分类依据之一，以后的真叶都是复叶。豌豆、蚕豆是羽状复叶，其余是三出复叶。根据子叶出土与否和复叶形状，将豆类作物幼苗分为 3 种情况：

子叶出土，三出复叶，如毛豆和绿豆。

子叶留土，三出复叶，如小豆。

子叶留土，羽状复叶，如豌豆。

4. 花

花为典型的蝶形花冠，总状花序，多数为自花授粉，蚕豆有相当高的异交率。花的颜色因种类和品种不同有红色、紫白色、黄色等。

5. 果实

果实为荚果，扁平或圆柱形，其长短、颜色和形状也依种类和品种而异。

6. 种子

种子由种皮、子叶和胚组成。种皮表面有的光滑，有的带皱纹；种皮有红色、白色、紫色、黄色、绿色、黑色和花色等颜色。种子形状有圆形、卵圆形、椭圆形、扁圆形和肾脏形等。

(二)大豆性状演化

野生植物广泛的变异基础是人类对野生植物有目的地采集、种植及长期定向选择，使得野生植物成为栽培作物。

栽培大豆是从野生大豆多年进化而来的。野生大豆蔓生，叶、花、荚均小，易炸荚落粒，种子百粒重极小；栽培大豆茎秆粗壮不易倒伏，叶、花、荚均大。

四、实训实施

(一)豆类作物形态观察

1. 观察豆类作物的种子，注意种子大小、形状、种皮颜色、种脐的特征。
2. 观察几种豆类作物的幼苗，注意子叶出土情况；比较豆类作物叶的特点。
3. 观察豆类作物根系的特征，根瘤的情况。
4. 观察豆类作物花的构造，荚果形状和着生位置。

(二)大豆性状演化

1. 取样：每种大豆选取 5～10 株成熟植株，进行观察测定。
2. 测定株高、节数、茎粗、直立程度、荚数。
3. 观察每荚粒数、种皮颜色，用天平称出百粒重。

五、实训成果

1. 现场考试，识别几种豆类作物。

2. 列表说明几种豆类作物的区别。

品种类型	根系特点（根瘤大小、多少、颜色）	茎的特点			叶的特点		花	荚果	种子	
		充实或中空	直立、蔓生、攀援	茸毛或光滑	子叶出土与否	复叶形状	花序	扁平或圆柱形	形状	种皮光滑或皱纹
大豆										
小豆										
绿豆										
豌豆										
蚕豆										

3. 列表说明栽培大豆、半野生大豆和野生大豆主要性状的不同，并分析人工定向选择在作物进化方面的重要性。

任务考核评价：

豆类作物形态观察和大豆性状演化考核评价表

学生姓名：　　　　班级：　　　　学号：

指导教师：　　　　填表日期：　　年　　月　　日

实训任务：

实训过程考核（70分）	赋分标准	分值	得分
专业技能	能够掌握豆类作物的形态特征。	10	
	能够正确区别豆类作物的不同类型。	15	
	了解作物进化过程中性状的演化规律。	10	

续表

实训过程考核（70分）	赋分标准	分值	得分
学习态度	能及时独立完成作业和实训报告。	10	
	能完成预习内容并查找相关资料。	5	
素质能力	爱护实训设施设备，遵守实训要求。	4	
	在实训任务过程中踏实肯干，态度端正，具有责任心。	4	
	认真研究实训内容，在完成实训任务的过程中积极主动，严肃认真。	4	
	在分组活动中能根据任务需要，团结协作，具有团队意识。	4	
	在实训中愉快接受任务并与他人愉快合作，善于沟通。	4	
实训成果考核（30分）	根据植株的特征能识别不同种类的豆类作物。	10	
	根据种子的性状能识别不同种类的豆类作物。	10	
	写出实训报告。	10	
总评		100	

任务七　大豆开花顺序和结荚习性的观察

一、实训目标

识别不同结荚习性的大豆开花顺序和植株特征。

二、实训准备

不同结荚习性的大豆植株。米尺、铅笔等。

三、实训方式

大豆的结荚习性分为有限结荚习性、无限结荚习性和亚有限结荚习性。这些类型的主要特征特性有着明显的区别，但因环境条件的影响也有一定的变化。

(1)有限结荚习性　这种类型的花簇轴长,在开花不久主茎和分枝的顶端出现一个大花簇后,即不再向上生长,结荚密,荚多集中植株中上部。开花顺序是由上中部开始,逐渐向上向下。花期短,花多集中于15～20 d内开放。主茎和分枝粗壮,分枝短于主茎,株型紧凑,生育期间抗倒伏能力强。叶柄一般较长,叶片较肥大。耐水耐肥,适宜在水肥高的条件下栽培。

(2)无限结荚习性　这种类型的花簇轴很短,主茎和分枝顶端无明显花簇。结荚分散,一般每节只着生2～5个荚,多数在植株中下部,顶端多数只着生1～2个小荚。开花的顺序由下向上,由内向外,花期较长,可开放30～40 d。条件适宜时,植株可无限生长。主茎和分枝细而坚韧,不易折断,但节间长,植株高,容易徒长倒伏。叶片愈向上愈小。对肥水条件要求不高,在肥水过高的条件下,植株长得高大,容易倒伏。

(3)亚有限结荚习性　这种类型的特征特性介于有限结荚习性和无限结荚习性之间,开花顺序与无限结荚习性相同,结荚密集情况与有限结荚习性相似。

四、实训实施

取不同结荚习性的大豆植株着重观察开花顺序和结荚习性及株型的主要区别。

五、实训成果

将不同结荚习性的大豆植株的主要区别填入下表:

项目类型	无限结荚型	有限结荚型	亚有限结荚型
植株高度/cm			
茎节间的长短/cm			
豆荚在主茎和分枝上的分布(稀、密)			
主茎顶端花序的大小			
开花结荚的次序			

任务考核评价：

大豆开花顺序和结荚习性的观察考核评价表

学生姓名：　　　　　　　　班级：　　　　　　　　学号：

指导教师：　　　　　　　　填表日期：　　　年　　月　　日

实训任务：

实训过程考核（70分）	赋分标准	分值	得分
专业技能	能够掌握不同结荚习性的大豆开花顺序和植株特征。	10	
	能够掌握大豆开花顺序和结荚习性的观察方法。	15	
	了解大豆开花顺序和结荚习性的类型。	10	
学习态度	能及时独立完成作业和实训报告。	10	
	能完成预习内容并查找相关资料。	5	
素质能力	爱护实训设施设备，遵守实训要求。	4	
	在实训任务过程中踏实肯干，态度端正，具有责任心。	4	
	认真研究实训内容，在完成实训任务的过程中积极主动，严肃认真。	4	
	在分组活动中能根据任务需要，团结协作，具有团队意识。	4	
	在实训中愉快接受任务并与他人愉快合作，善于沟通。	4	
实训成果考核（30分）	能根据开花顺序确定大豆的类型。	10	
	能根据结荚习性确定大豆的类型。	10	
	写出实训报告。	10	
总评		100	

任务八 经济作物形态观察及类型识别

一、实训目标

了解经济作物的形态特征，正确区分每种经济作物不同类型的特点。

二、实训准备

(1)实验材料 各种类型甜菜、麻类(主要是大麻、亚麻、苘麻)、油菜、向日葵、花生的种子、幼苗和成株。

(2)用具 解剖针、放大镜等。

三、实训方式

经济作物包括糖料作物、油料作物、纤维作物、嗜好作物等。现将主要经济作物的形态特征及主要类型分述如下：

(一)甜菜的形态特征

甜菜是我国北方重要的糖料作物。甜菜属于藜科甜菜属甜菜种，是二年生异花授粉的经济作物。除目前普通栽培种外，还有许多野生种。在普通栽培种内包含火焰菜、饲料甜菜、观赏用甜菜、叶用甜菜、糖用甜菜五个变种。糖用甜菜在第一年主要是营养生长期，以形成繁茂的叶丛和庞大的根系，并在块根中积累大量的糖分和养分，第二年生殖生长期抽薹形成花枝，并开花结实。

(1)根 甜菜为直根系，肥大的主根称之为块根。块根又由根头(亦称根冠)、根颈、根体、根尾组成。

(2)茎 第一年营养生长的甜菜，茎即为缩短的根头，其上着生叶丛。第二年生殖生长的甜菜从根头部生出许多花茎(薹)。由于每株花枝数目和生长姿态不同，通常可分为单枝型、多枝型和混合型。

(3)叶 甜菜种子发芽后，首先长出一对子叶，相继长出3～4对真叶，以后再长出的真叶为单生。子叶为椭圆形，面积很小，长约2 cm，宽0.5～1 cm。

(4)花 甜菜花序为穗状花序，每一苞叶内通常有3～4个花。花为两性花，异花授粉作物。花为单被花，有花萼5片，基部互相连接，色绿，内有蜜腺，成熟后花萼宿存，且木质化。

(5)果实与种子 甜菜果实为坚果与蒴果之间的类型，是由2～4个单个果实相互联合而成的复果(称为聚花果)。生产上所称的种子实际上是果实。果实呈球状,成熟的果实萼片木质化,与硬化的果皮联合,其上有几个突起的纹环,称为果盖。除去果盖后,便可见内含的种子。种子呈桃状,较小,种皮紫红色,很薄,由外种皮、内种皮、子叶、外胚乳和胚所组成。

(二)韧皮纤维作物形态特征及亚麻的主要类型

1. 大麻

大麻属于大麻科大麻属,为一年生雌雄异株草本植物。

2. 苘麻

属锦葵科苘麻属,一年生草本植物。

3. 亚麻(以纤维用亚麻为例)

亚麻属亚麻科亚麻属,一年生草本植物。

根为直根系,根系发达,主根入土 1~1.5 m,主根上着生许多纤细的侧根,这些侧根大都分布在 20~30 cm 耕层内。纤维用亚麻的根系发育较弱,为地上部分重量的 9%~15%。茎为细长的圆柱形,表面覆有一层很薄的蜡质层。在一般栽培条件下,茎基部不分枝只上部有少数分枝。茎绿色,茎粗 1~5 mm。

4. 亚麻的主要类型

(1)纤维型　属于一年生长日照作物。在各类型亚麻中植株最高,通常高 70~150 cm,基部不分枝,只有顶端有少量分枝。蒴果少,种子小,千粒重为 3.5~5.5 g,含油量为 35%~39%。工艺长度长,纤维含量 20%~30%,栽培目的主要取其纤维。

(2)油用型　为一年生短日照作物。植株矮小,30~50 cm,植株从茎秆基部开始分枝。蒴果大,数目多(100 个以上),种子含油量高达 40%~48%。茎中纤维含量少,品质低劣。栽培的主要目的在于获得油用种子。

(3)兼用型　是纤维和油用的中间类型。植株高度中等,一般为 50~70 cm,茎基部有时有分枝。有的结蒴果较多,种子含油量为 39%~48%。茎中纤维含量为 12%~17%。

(三)向日葵的形态特征及类型

1. 向日葵的形态特征

向日葵属于菊科向日葵属,一年生草本植物。

(1)根　根系发达,直根系。

(2)茎　茎秆高大(有的品种较矮),表面粗糙,被有希而短的坚硬刚毛,茎中充满着海绵状的髓。茎有分枝的习性,分枝多的品种经济价值低,多为观赏类型。

(3)叶 叶子肥大呈椭圆形或心脏形,顶端尖,边缘有缺刻或锯齿状,叶上密生短毛,一株有叶片25～30片,下部2～3对叶子对生,以上叶片互生。

(4)花 为头状花序,着生在茎秆顶端,有舌状花和管状花之分。舌状花单性不孕在花序边缘,有一至数行,花瓣大而鲜艳,多数是橙黄色、紫红色或淡黄色。管状花位于舌状花内侧,占据着绝大部分花盘,是能传粉受精结实的两性花。雄蕊5个,雌蕊柱头两裂,子房下位,一室子房。花冠无齿状为橙黄色。每一管状花下部有一膜状顶端齿状的小苞片,每一花盘共有管状花500～1 000个,多者可达5 000个以上,整个花盘外部为无数小苞叶组成的总苞所包围。

(5)果实 是瘦果,果皮革质,颜色有白、黑、灰紫、杂色等。种皮是一层薄膜,包着肥大的子叶和胚。

(6)种子 果实内的胚即为种子,生产上用果实作为种子。

2.向日葵的类型

(1)食用向日葵 植株高大,不分枝,株高3～5 m,核仁约占果腔体积的一半。含油量低,果实大,果皮为灰白色带褐色条纹,供炒食用。

(2)油用向日葵 植株矮小,有的品种能分枝。花盘及瘦果均较小,但核仁充满果腔,果皮较薄,一般为黑紫色,含油率较高。

(3)兼用向日葵 植株和花盘性状以及果实大小介于上述两种类型之间。

(4)观赏用向日葵 植株矮小,分枝多,花盘及瘦果均小。

(四)油菜的形态特征及类型

1.油菜的形态特征

油菜属于十字花科芸薹属,一年生或越年生的草本植物。

(1)根 为直根系,具有主根和侧根。

(2)茎 表面光滑或着生稀疏刺毛,呈现绿、灰蓝或紫色。茎上常有分枝。

(3)叶 有子叶和真叶两部分。子叶系由原种子中两片肥厚的子叶出土后形成。有心脏形和肾脏形。油菜幼苗初期的光合作用是靠子叶进行的,到中后期,子叶逐渐黄萎脱落。油菜的真叶又分为基生叶和茎生叶两类。因品种不同叶片形态差异较大。叶片为不完全单叶,除叶片外,仅具有叶柄或无叶柄,无托叶,互生。

(4)花序和花 油菜的花序为总状无限花序。

(5)果实与种子 果实为角果。种子为球形,有黄、红、黑、黄褐等色,千粒重2～4 g,高者达5 g。

2.油菜的类型

(1)白菜型油菜 外形似白菜,株型矮小,分枝较多,茎秆细。基叶不发达,叶片全缘或有小裂片,中肋较宽厚,茎生叶无柄,全抱茎。叶色淡绿或绿。植株多数不被有蜡粉。花瓣大,色浓黄或黄,花瓣圆形,开花时两侧重叠。角果着生角度近60°,角果中等长度。种子中等大小,各色均有,千粒重2～3 g。属于中、早熟品种。

(2)芥菜型油菜　原产我国西南、印度和中亚,多分布在高寒山区的瘠薄地带。株型高大,分枝部位高。叶片较小而薄,叶色青绿,叶边有锯齿,叶面密生刺毛,茎生叶有柄,不抱茎。花瓣小,色淡黄,开花时花瓣分离。角果着生角度近45°,角身短而小,角壳凹凸不平。种子最小,各色均有,千粒重1～2 g。多数是晚熟品种,抗寒、耐旱、耐瘠、耐肥性均强。俗称辣油菜或苦油菜。

(3)甘蓝型油菜　只有一个种,原产欧洲,20世纪40年代从日本引入我国,叫胜利油菜。植株较高,根系发达,叶色蓝绿、灰绿或浓绿,且厚,薹茎叶椭圆,无柄,具提琴状缺刻,半抱茎。花较大,浅黄色,开花时两侧重叠。角果着生角度近90°,身长而圆,角多、粒大,黑色或红色,千粒重3～4 g,含油分高。植株健壮,抗逆性强,耐肥,适应性广,产量潜力大。属于中晚熟品种。

(五)花生的形态特征

1. 根

花生的根是圆锥根系,由主根和各级侧根构成。花生种子萌发后,主根即首先向下迅速伸长,并很快长出四列呈十字状排列的一级侧根,侧根上再着生许多细根。花生的根入土可达2 m,但根系主要分布在近地表30 cm土层中。花生的根上着生很多根瘤,一般着生在主根或侧根基部上的根瘤较大,瘤内多含肉红色液汁,固氮能力较强;着生在侧根远处和细根上的根瘤较小,固氮能力较弱。

2. 茎

花生的茎由主茎和分枝组成。主茎直立,幼小时呈圆形,中部有髓,到生育中后期,主茎中上部呈棱状,全茎中空,一般15～25节,基部节间短,中上部较长。株高因品种和栽培条件变动在15～75 cm,丛生型40～50 cm较适宜。

花生的分枝:直接着生在主茎上的为一级分枝,在一级分枝上生出二级分枝。花生的主茎上通常可生长三、四及五级分枝。第一、第二条一级分枝,一般从子叶叶腋处生出,称为第一对侧枝,第三、第四条一级侧枝由主茎第一、第二真叶叶腋处生出,为互生,但由于着生的茎节极短,也好像对生,因而又称为第二对侧枝。这两对侧枝长势强,也是荚果着生的主要部位,占总果数的70%～90%。

花生由于侧枝长度与主茎长度的比例不同,以及侧枝开张角度不同而构成不同的株型。第一对侧枝与主茎长度的比值,称为株型指数。花生的株型分为以下三种:

(1)蔓生型　侧枝开张角度大,几乎匍匐于地面,侧枝先端向上直立,直立部分小于匍匐部分,株型指数为2左右。

(2)半蔓生型 第一对侧枝近基部与地面成30°,中部开始向上直立,直立部分大于匍匐部分,株型指数为1.5左右。

(3)直立型 侧枝开张角度小,第一对侧枝与地面所成角度大于45°,株型指数为1.1～1.2。

直立型与半蔓生型统称为丛生型。

3.叶

花生的叶可分为完全叶和不完全叶两种。真叶为完全叶,每一枝条上的第一节或一、二、三节着生的叶都是不完全叶,也称“鳞叶”。真叶由叶片、叶柄和托叶构成,为偶数羽状复叶,一般由两对小叶片组成,小叶片的形状通常有椭圆、长椭圆、卵圆、倒卵圆形等不一。叶的颜色因品种而异,有黄绿、绿、浓绿、灰绿等色。花生每个真叶中的四片小叶,每到日落或遇阴雨天,叶柄下垂,叶片闭合,至第二天早晨日出或晴天后又重新张开,称这种现象为“感夜运动”。

4.花序和花

(1)花序 花序是着生花的变态枝,有时亦称生殖枝或花枝。花生的花序属于总状花序,有的花序轴很短,只着生1～3朵花,称短花序;有的花序轴较长,可着生4～7朵花,称长花序。花序着生的方式一般有两种。一种是主茎上着生花序,侧枝的每一节上均着生花序,称连续开花型;另一种是主茎只长营养枝,侧枝的基部1～2节或1～3节只长营养枝,不长花序,其后的几节着生花序不长营养枝,然后又有几节长营养枝不长花序,如此交替着生营养枝或花序,但不同时着生,称交替开花型。

(2)花 花生的花为蝶形花,由花萼、花冠、雄蕊和雌蕊构成。每朵花具有10枚雄蕊,通常2个退化,8个发育形成花药。雌蕊1枚,由柱头、花柱和子房组成。雌蕊受精后,在子房基部形成绿色的子房柄,一般开花后4～6 d可见到,子房柄和子房构成果针,果针入土后发育成荚果。

5.果实和种子

(1)果实 花生果实为荚果,果壳坚硬,成熟后不开裂,各室间无横隔,有果腰。荚果按形状分为四个类型:

普通型:多具两粒种子,果腰较浅。

葫芦型:内含两粒种子,但果腰较深,果形呈葫芦状。

串珠型:内含种子三粒以上,像一串念珠,果腰不明显。

曲棍型:内含种子三粒以上,果实先端一室稍向内弯曲,形如拐棍。

(2)种子 花生的种子通常称花生仁或花生米,着生在荚果的腹缝线上。成熟的种子,一般一端钝圆或较平,另一端胚根突出。形状有椭圆形、圆锥形、桃形、三角形 4 种。晒干后种皮颜色大体可分紫、褐、紫红、红、粉红、黄、花皮 7 种。种子百粒重一般在 50～80 g 之间。花生种子由种皮及胚两部分组成，由于花生子叶大，习惯上将花生种子分为种皮、子叶和胚 3 部分。

四、实训实施

1. 观察甜菜的形态特征，注意块根的形态结构。
2. 仔细观察麻类作物的形态，注意比较亚麻各类型的主要特点。
3. 观察向日葵的形态特征，找出各类型向日葵的主要区别。
4. 观察比较油菜不同类型的形态特征。
5. 观察花生的形态特征，注意根瘤着生的位置、大小、颜色，荚果的类型以及种子的构造。

五、实训成果

1. 现场考试，识别观察的所有经济作物。
2. 列表说明亚麻、油菜、向日葵不同类型的特点及区别。
3. 说明各种作物的主要形态特征。

任务考核评价：

经济作物形态观察及类型识别考核评价表

学生姓名：　　　　班级：　　　　学号：

指导教师：　　　　填表日期：　　年　　月　　日

实训任务：

实训过程考核（70 分）	赋分标准	分值	得分
专业技能	掌握常见经济作物的形态特征。	10	
	能够掌握常见经济作物的分类方法。	15	
	能设计耕作方案。	10	
学习态度	能及时独立完成作业和实训报告。	10	
	能完成预习内容并查找相关资料。	5	

续表

实训过程考核（70分）	赋分标准	分值	得分
素质能力	爱护实训设施设备，遵守实训要求。	4	
	在实训任务过程中踏实肯干，态度端正，具有责任心。	4	
	认真研究实训内容，在完成实训任务的过程中积极主动，严肃认真。	4	
	在分组活动中能根据任务需要，团结协作，具有团队意识。	4	
	在实训中愉快接受任务并与他人愉快合作，善于沟通。	4	
实训成果考核（30分）	会调查经济作物的形态特征。	10	
	会经济作物的分类。	10	
	写出实训报告。	10	
总评		100	

任务九　作物产量构成因子分析

一、实训目标

1. 掌握作物产量构成因子分析方法，了解产量构成因子间的相互关系以及对产量的影响。

2. 了解不同群体产量构成因子的特点。

二、实训准备

（1）材料　不同种植密度的小麦成熟植株和大豆成熟植株。

（2）工具　天平、直尺等。

三、实训方式

所谓作物产量，包括两个概念：一个是生物产量，是作物在生育期间生产和积累有机物的总量，即整个植株（一般不包括根系）总干物质的收获量。另一个是经济产量(即一般所指的产量),是指栽培目的所需要的产品收获量。由于作物种类和栽培目的不同,它们被利用作为产品的部分也就不同。如禾谷类、豆类作物的产品是籽实,薯类作物则是块根、块茎,棉花则为种子纤维,黄麻、大麻、红麻、苎麻等则为韧皮纤维,甘蔗则为茎秆,烟草、茶叶则为叶片,绿肥作物则为鲜草等。当玉米作为粮食作物时,其产品收获物是籽实;作为饲料作物时,茎、叶、果穗可作为青饲,青贮的全部有机物都包括在收获产品之内。可见,由于栽培目的不同,其经济产量所指的产品也就不一样。

作物的经济产量是生物产量的一部分,是指栽培主要目的所需要的作物产品产量。经济产量体现了作物的有效生产力。如粮食作物的籽实产量,棉花的皮棉产量,薯类的块根、块茎产量,烟草的烟叶产量等,都是经济产量。经济产量的高低,既决定于生物产量又决定于转化效率,二者的乘积即为经济产量。作物有机体中与形成产量直接有关的器官和数量等,叫作产量的构成因素。作物的种类不同,其构成产量的因素也有所不同。作物栽培的对象是作物的群体。在一定的栽培条件下,构成产量各因素之间存在着一定程度的矛盾。以禾谷类作物为例,在单位面积上穗数增至一定程度以后,每穗粒数就有减少的趋势,粒重也会有所降低。又如油菜、大豆等分枝型作物,当单位面积上株数增至一定程度后,则每株荚数、每荚粒数都会有不同程度的减少。其他作物也有这样的规律。作物栽培的最终目的是单位面积上的产量,即要求单位面积上的穗数×粒数×粒重达到最大值。研究这些因素的形成过程和相互之间的关系以及影响这些因素的条件,并采取相应的农业技术措施,满足作物高产的生理需要,这就是作物栽培所要研究的重要内容之一。

主要作物产量构成因子见表 3-6。

表 3-6 主要作物产量构成因子

作物	产量构成因子
禾谷类	单位面积有效穗数、平均穗粒数、千粒重(百粒重)
豆类	单位面积株数、平均单株有效荚数、平均每荚粒数、百粒重
薯芋类	单位面积株数、平均单株薯块数、平均单薯重
棉花	单位面积株数、平均单株有效铃数、平均每铃籽棉重、平均衣分
甜菜	单位面积株数、平均单株块根重
烟草	单位面积株数、平均单株叶片数、平均单叶重
甘蔗	单位面积茎数、平均单株茎重
绿肥	单位面积株数、平均单株鲜重

例如：

1. 小麦的产量构成因子：单位面积穗数、每穗结实粒数、千粒重

$$产量(kg/hm^2)=\frac{每公顷穗数\times平均每穗结实粒数\times千粒重(g)}{1\ 000\times1\ 000}$$

2. 大豆产量构成因子：单位面积株数、每株平均荚数、平均每荚粒数、百粒重

$$产量(kg/hm^2)=\frac{每公顷株数\times每株平均荚数\times平均每荚粒数\times百粒重(g)}{1\ 000\times100}$$

四、实训实施

(一)小麦产量构成因子分析

1. 随机抽取20株。
2. 脱粒，数出总粒数，计算平均每穗粒数。
3. 称出千粒重。
4. 按公式计算产量。

(二)大豆产量构成因子分析

1. 随机抽取10株。
2. 求出每株荚数。
3. 计算每荚平均粒数。
4. 称出百粒重。
5. 将结果代入上述公式，计算出大豆产量。

五、实训成果

1. 列表比较不同密度下小麦和大豆的产量构成因子。
2. 分析密度与产量构成因子的关系。
3. 根据实验结果分析，不同密度的群体对最终产量的影响。

任务考核评价：

作物产量构成因子分析考核评价表

学生姓名： 班级： 学号：

指导教师： 填表日期： 年 月 日

实训任务：

实训过程考核（70分）	赋分标准	分值	得分
专业技能	掌握作物产量构成因子分析方法。	10	
	了解产量构成因子间的相互关系以及对产量的影响。	15	
	了解不同群体结构产量构成因子的特点。	10	
学习态度	能及时独立完成作业和实训报告。	10	
	能完成预习内容并查找相关资料。	5	
素质能力	爱护实训设施设备，遵守实训要求。	4	
	在实训任务过程中踏实肯干，态度端正，具有责任心。	4	
	认真研究实训内容，在完成实训任务的过程中积极主动，严肃认真。	4	
	在分组活动中能根据任务需要，团结协作，具有团队意识。	4	
	在实训中愉快接受任务并与他人愉快合作，善于沟通。	4	
实训成果考核（30分）	学会分析农艺产品产量构成因子的组成。	10	
	会调整产量构成因子措施。	10	
	写出实训报告。	10	
总评		100	

任务十 瓜类蔬菜结果习性的观察及植株调整技术

一、实训目标

了解瓜类的结果习性及分枝状况，以便在栽培上采用相应的技术措施。为早熟高产创造必要的条件。

二、实训准备

1～2个品种的黄瓜、南瓜、冬瓜、西葫芦、西瓜、瓠瓜、苦瓜、甜瓜的开花植株若干。

三、实训方式

瓜类均以果实作为蔬菜供食，同属葫芦科一年生草本植物，只有佛手瓜为多年生宿根植物。我国栽培的瓜类蔬菜种类很多，包括黄瓜、南瓜、冬瓜、瓠瓜、苦瓜、西瓜、甜瓜、丝瓜、蛇瓜以及佛手瓜等。其中黄瓜栽培比较普遍，可以分期播种，周年供应；西葫芦适于早熟栽培，在初夏市场上颇受欢迎；西瓜、甜瓜为消暑珍品，大面积种植；冬瓜、南瓜是克服秋淡季的主要蔬菜；瓠瓜、苦瓜、丝瓜、蛇瓜、佛手瓜各具特殊风味及食用价值，多为零星栽培，是秋淡季的调节品种。

瓜类蔬菜的营养价值很高，果实中含有丰富的碳水化合物、维生素和矿物盐类。此外，还具有胨化酶，它可以把不溶性蛋白质消化为可溶性蛋白质。

瓜类根系一般都很发达，但容易木栓化，再生能力弱，育苗移栽时需护根。茎为草质蔓茎，茎节上生有卷须，借以攀缘向上。需行支架栽培，有的适于爬地生长。节上易发生不定根。其分枝能力很强，主、侧蔓均可结瓜，但种和品种之间主、侧蔓结瓜优势不同。随着茎蔓的生长，有陆续开花结果的习性，为了适当平衡其生长和发育，调节其营养生长和结果之间的关系，除了通过施肥、灌水等措施以外，尚需采用整枝、压蔓、摘叶等技术。

(一)黄瓜植株调整

合理的调整植株是协调营养生长与生殖生长平衡发展的技术环节之一。黄瓜开始抽蔓后，需立支架，随其生长要及时绑蔓，使茎蔓在架面上合理分布，以利于通风透光。绑蔓一般在株高约 25 cm 时开始，以后每隔 3～4 叶绑一次，绑在瓜下 1～2 节处。主蔓结瓜品种，于主蔓满架后摘心，不留侧枝。以侧蔓结瓜为主的品种，需在主蔓 4～5 片叶时摘心，促使早发侧枝，并选留 2～3 条侧蔓结瓜。主侧蔓均能结瓜的品种，可在主蔓满架后摘心，侧蔓留 1～2 个果后，在果前留 1～2 片叶摘心。

（二）南瓜整枝调整

主侧蔓均能结果。在自然条件下，就雌花出现或开放时期来看，以主蔓为早；但就节位来说，则以侧蔓为早。可根据栽培目的采用单蔓或多蔓整枝。对于主蔓结果早的品种采取单蔓整枝，令其主蔓结果，去其侧枝。对于主蔓结果晚、侧蔓结果早的品种采取多蔓整枝。在 6～7 叶展开时，留 5～6 叶摘心，根据植株生长情况决定选留 2～5 条侧枝，每条侧枝留 1～2 个果，在第二个果上留 4～6 片叶摘心。

（三）冬瓜植株调整

冬瓜生长势极为旺盛，主蔓每节都能发生侧蔓，而冬瓜一般以主蔓结果为主。为了培育健壮的主蔓，必须进行植株调整。冬瓜和黄瓜不同，除早熟小型冬瓜随结瓜随采收数个果实外，一般大型冬瓜每株只留 1～2 个果实，留一个果实的较多，所以一般使主蔓结瓜，其余侧枝除留瓜旁一个侧枝外，均宜摘除。大型冬瓜一般在 20 节左右开始着生一雌花，结果部位相当靠上，所以在搭架栽培时，必须进行盘蔓和压蔓，而后使瓜以上的蔓上架，将瓜坐落在地面上。因为搭架悬挂冬瓜，一般架材难以支撑，故多采用小架，使瓜着地的栽培方法。盘蔓、压蔓可增加根系的吸收面，抑制徒长，促进雌花的发生。方法是在主蔓长度达 0.7～1 m 时，将蔓盘绕在根的四周、架的内部，并在龙头下边 2～3 个叶处将蔓用土压定，使之生根。蔓长 30～60 cm 时插架。一般多用小架，高 1～1.3 m，由 3～4 根架材构成三角或四角架。第一道绑在架杆基部附近，要绑齐绑紧，便于管理，并抑制其徒长；4～5 d 后新蔓延伸近一尺时，再绑第二道；二道以下要留 1～2 个瓜，以后第二道上再留 1～2 个瓜，每株共留瓜 3 个左右，以便定瓜时有选择的余地。待瓜发育到 1～1.5 kg 时选择瓜型好、个体大、节位为第二或第三个瓜的留下，其余的摘除。因为第一瓜过早，在花芽分化到果实发育时叶面积少，同化物质不能满足生殖生长的需要，所以基础差，长不大；第四果以后，由于时期较晚，收获时生育日期不足，也难以长成大瓜，故以第2～3瓜为好。但第2～3瓜坐不住时，也只好留第1或第4瓜。早、中熟品种，可留第1和第2瓜。定瓜后发现个别瓜位过高或过低时，可以及早加以调整，使瓜将来着地。蔓长到架顶后，留3～4片叶摘心，以促进果实发育。获得高产。

(四)西葫芦整枝调整

一般矮性类型不必整枝，而蔓性类型则须及时摘除所有侧枝，仅留主蔓结瓜，并在快爬满畦面时予以摘心即可。

(五)瓠瓜整枝调整

瓠瓜的栽培管理可参照南瓜进行。

(六)苦瓜整枝调整

苦瓜分枝力极强，主侧蔓均能结果，一般多不分枝，但须适当剪除基部细弱的侧枝及过密与衰老黄叶，以利通风透光。也有整枝的菜农。通常在结果前，每隔4～5 d进行一次引蔓、绑蔓，疏除侧枝、摘除雄花等工作。结瓜后瓜蔓生长很快，整枝时，凡植株基部的侧蔓一律除去。瓜蔓上棚后，看侧蔓有无小瓜，有瓜则当节打顶，无瓜则一律从基部剪除。如果一根侧蔓上有几朵雌花，应保留基部的一朵，可使养分集中，促进果实生长。

(七)西瓜植株调整

西瓜的植株调整项目比较多，主要项目如下：

(1)整枝　一般有单蔓、双蔓和三蔓等几种方式。单蔓整枝虽然简单易行，但果实不易长大，产量和质量都较低，因而采用者不多。经试验证明以留三蔓结双果的整枝方式经济效果最好。我国北方各地栽培大型品种多留双蔓或三蔓结一个瓜的方式栽培。三蔓整枝法除留主蔓外，另从主蔓基部选两个健壮的侧蔓留作副蔓，其余侧枝一律摘除。西瓜基生叶下面的节比较容易折断，所以在蔓长接近30 cm时，应及时在瓜根南边挖一小沟，用土把秧压在沟内；同时将根部埋土，加以固定，以防被风吹断，伤根损叶。当主蔓长0.5 m左右需要进行盘蔓。方法是围绕根部挖沟，将主蔓除龙头7 cm外全部压入沟内，只留叶子在外面。使其发生不定根，增加吸收面。

(2)压蔓　西瓜蔓伸长后，一般从盘蔓后每隔5～6节压一次，瓜前瓜后各压两处，或瓜后压三处。压蔓方法分明压和暗压两种。暗压是在压蔓处挖沟，将蔓放入，将叶柄叶片留在外面压好。遇到雌花，一定要在花的前后各留1～2片叶不压，以防积雨，或瓜肥大时受牵制，使瓜柄脱落；明压是蔓不入地，用干泥块或湿土压在蔓上。干泥块重约0.5 kg，下面平而中间略凹。泥块可以随时调整，比暗压较为灵活。一般留第二或第三雌花结瓜较好。

(3)摘心　一般品种当瓜秧的功能叶已铺满行间，而且瓜已坐住，进入肥大期时，为了防止营养生长与果实争夺养分，可进行摘心。瓜蔓条数留定后，在生长期间如再出现侧枝即可打去。不过结瓜节内的那条侧枝可以留下，使该枝的同化养分优先供应果实，此外还有防止化瓜和遮阴防晒的作用。对于蔓短、生长势弱、叶小而少的品种应该区别对待，最好不摘心、不打杈，以增加其同化面积。

(八)甜瓜整枝调整

习性是侧枝结果。我国北方常用的方法如下：

(1)2～3蔓整枝法　侧枝结果品种，多进行双蔓乃至3蔓整枝。即于主蔓4～5叶苗龄摘心，留上部2或3条侧蔓。侧蔓坐果后，于果前留数叶摘心。

(2)4蔓整枝法　习性为副侧蔓结果品种，多进行四蔓整枝。即于主蔓4～5叶时摘心后，所留侧蔓伸长4～5叶时，再次摘心，并选留两条副侧蔓。而于副侧蔓坐果后，于果前留2～3叶摘心。

四、实训实施

1.调查在自然条件下各种瓜类分枝及雌花着生的状况，并绘制结果及分枝的模式图。

2.对瓠瓜、甜瓜进行摘心试验，观察结果情况。

3.对西瓜、南瓜、冬瓜等进行一蔓、二蔓、三蔓整枝，观察结果情况。

五、实训成果

1.绘制各种瓜类结果及分枝模式图。

2.记载各种瓜类分枝结果情况的观察结果。

任务考核评价：

瓜类蔬菜结果习性的观察及植株调整技术考核评价表

学生姓名： 班级： 学号：

指导教师： 填表日期： 年 月 日

实训任务：

实训过程考核（70分）	赋分标准	分值	得分
专业技能	能够掌握瓜类的结果习性及分枝状况。	10	
	能够了解瓜类分枝状况。	15	
	能够掌握瓜类植株调整技术。	10	
学习态度	能及时独立完成作业和实训报告。	10	
	能完成预习内容并查找相关资料。	5	
素质能力	爱护实训设施设备，遵守实训要求。	4	
	在实训任务过程中踏实肯干，态度端正，具有责任心。	4	
	认真研究实训内容，在完成实训任务的过程中积极主动，严肃认真。	4	
	在分组活动中能根据任务需要，团结协作，具有团队意识。	4	
	在实训中愉快接受任务并与他人愉快合作，善于沟通。	4	
实训成果考核（30分）	会分析瓜类的结果习性。	10	
	会瓜类植株调整技术。	10	
	写出实训报告。	10	
总评		100	

任务十一　茄果类蔬菜结果习性的观察及整枝技术

一、实训目标

通过对茄果类蔬菜不同类型品种的观察，了解并掌握其分枝结果习性的特点和整枝技术，以及两者的关系，为选用品种及制定栽培技术措施提供依据。

二、实训准备

材料：在蔬菜园或栽植盆选取下列类型的品种，供作实验观察。

(1)有限生长型的早熟番茄品种；

(2)无限生长型的中、晚熟番茄品种；

(3)有限分枝型的簇生辣椒品种；

(4)无限分枝型的一般辣椒栽培品种；

(5)早熟、晚熟的茄子栽培品种。

三、实训方式

茄果类蔬菜包括番茄、茄子和辣椒，属茄科植物。在生产上都作为一年生栽培，除作为露地栽培外，也适于保护地栽培。茄果类蔬菜的分枝力强，茎叶生长繁茂，结果期长，产量高，在栽培管理上，需要供给充足的营养外，同时要进行植株调整。植株调整是调节营养生长和生殖生长平衡的主要技术措施。以便防止生长不良，造成落花落果。

(一)番茄

1.番茄的开花结果习性

按照番茄花序着生的位置及主轴生长的特性，可以分为有限生长型和无限生长型两大类。有限生长类型品种一般主茎生长至6～7片真叶时开始着生第一花序，以后便每隔1～2叶形成一个花序，通常主轴上发生2～4层花序后花序下位的侧芽停止发育，主轴上不再发生新的花序。无限生长类型品种在主茎生长至8～10片叶，有的晚熟品种长至11～13片叶时出现第一花序，以后每隔2～3片叶着生一花序，在条件适宜时可无限着生花序，不断开花结果。

2.番茄的植株调整技术

番茄的开花结果习性是进行植株调整的理论依据。有限生长型番茄一般不需要特殊的整枝过程，无限生长类型的番茄其植株调整具体包括搭架、绑蔓、整枝、打杈、摘心和保花保果。其目的主要是为了调节营养生长和生殖生长之间的关系，减少营养物质的消耗，使茎叶分布更加均匀，从而改善植株通风透光条件，减少病虫害发生。

(1)搭架、绑蔓　番茄除少数直立品种外，当植株高达 30 cm 左右时，要及时搭架、绑蔓，使植株竖立整齐，向空间发展，充分利用光能。小架多采用单干支柱；大架多采用人字架或篱式架。搭架后要及时绑蔓，以后在每穗果穗上部用绳或线将茎和架杆绑在一起，松紧要适度，并使果穗的方向朝向架的外侧，以免影响果实的正常发育。

(2)整枝　无限生长类型的番茄其整枝技术具体分为单干整枝(只留主干，其余侧枝除去)、双干整枝(除留主干外，还留第一花序相邻的上位侧枝，其余侧枝除去)和改良式单干整枝三种。单干整枝，在整个生长过程中，只留下一个主干，其他侧芽全部摘除。是当前栽培中主要整枝方式。双干整枝，是在主干第一花序下部留一侧枝，让它与主干同时生长，形成两个主枝，其余侧枝均全部摘去。改良式单干整枝是在主干留有 2～3 穗果自封顶，在第一穗果下留一侧枝，侧枝上留 1～2 穗果后摘心。

(3)打杈　打杈是指除选留的主枝或侧枝外，摘除其余所有侧枝。打杈应掌握适宜时期进行。

(4)摘心　主要用于无限生长类型。根据栽培目的，在确定所留果穗数目的上方留 2～3 片叶之后，将植株的顶芽摘去。通常大架栽培留 5～6 穗果摘心，小架栽培留 3～4 穗果摘心即可。

(二)茄子

1. 茄子的分枝结果习性

茄子的开花习性很有规律，为双杈分枝。分枝结果习性也很有规律，当主茎生长到具有一定叶数时，顶芽分化形成花芽，其下端邻近的两个叶腋抽出侧枝，代替主茎均衡健壮地生长，构成“双杈假轴分枝”。侧枝上生出 2～3 片叶以后，顶端又现蕾封顶，其下端两个腋芽又抽出两个侧枝，以后每隔 2～3 叶形成　花，分枝一次，如此连续的向上生长，陆续开花结果。按果实形成的先后顺序，称之为门茄、对茄、四门斗、八面风、满天星。实际上一般只有 1～3 次分枝比较规律，结果效果好，往上的分枝和结果好坏，在一定程度上要取决于管理技术水平的高低。

2. 茄子整枝技术

茄子在门茄坐果前后，可进行整枝。常用的方法是保留两个杈状分枝，抹除主茎上其余腋芽，以减少营养消耗，更加有利于植株通风透光。在生长期间原则上不摘叶，尤其是植株上层的功能叶，光合作用较强，对果实的影响很大，更不应摘除。但随着果实的采收，可将植株下部的老叶、黄叶、病叶摘除，这样有利于改善通风透光条件，减轻病害的发生。

(三)辣椒

辣椒营养丰富，含有丰富的胡萝卜素、维生素C和辣椒素。除了可以鲜食以外，还可以加工成辣椒酱、辣椒粉、辣椒油及干制品等调味品。

1. 辣椒开花结果习性

按照其花序着生的位置及主轴生长的特性，可以分为有限生长型和无限生长型两大类。辣椒的花芽分化期在播种后35 d左右，苗茎高达到3～4 cm，茎粗2 mm左右，展叶4片左右时。第一朵花开花时间是在播种后60 d左右，花的开放时间一般在早晨8时之前，花瓣盛开时，花粉散出，柱头分泌黏液而接受花粉，进行受精。一朵花开放2～3 d后即行凋萎。

2. 分枝结果习性

辣椒分枝结果习性很有规律，它的特点可概括为两个类型：

(1)无限分枝型　即植株高大，长势茁壮，当主茎长到10～15片叶时，顶端现蕾，形成单生花芽，并在花芽下位形成杈状分枝，一般为两个分枝，在正常条件下，每个分杈上每隔1～2片叶，顶端再各自形成一个花蕾，其下部再各自抽出1个或2个分枝，依次陆续抽生出各级分枝，并与分杈处开花结果。一般1～3次分枝大部分长势健壮，再往后的分枝多是一强一弱，或均弱状态。生产上的栽培品种大多属于此类型。

(2)有限分枝型　即植株矮小，主茎生长到一定叶数后，形成顶生花簇而封顶。邻近其下端的腋芽抽生杈状分枝，1～2节后又形成花簇封顶，并自其下端又抽生杈状分枝，依次发生多次分枝，长势均不强。各种簇生的朝天椒和观赏的樱桃椒均属于此种类型。

3. 辣椒的整枝技术

辣椒植株较矮，茎秆直立，分枝性能比较弱，整枝程度较轻或可以不整枝。辣椒的分枝结果习性比较有规律，生产上一般对植株调整较少，对一级分枝以下的小分枝，可在生长前期及早抹除，以便积累营养，使上部分枝生长健壮，促进开花结果。进入盛果期，如果枝叶长势过于旺盛，以至于田间有严重郁闭倾向时，可将过密的、瘦弱的、坐果稀少的分枝适当疏除即可。

四、实训实施

(1)在番茄结果期进行实验，观察并记载每种类型品种的分枝结果习性，第一花(序)的着生节位,花单生或簇生,各层花(序)的着生规律、分枝特点、果实着生部位、是否封顶等。

(2)茄子的开花结果习性:用图解说明茄子的开花结果位置,门茄、对茄、四门斗、八面风……的着生节位。

(3)辣椒的开花结果习性:观察并记载辣椒的开花结果位置,第一花着生节位,每一节着生花数。

(4)进行番茄的两种整枝方式操作,即单干整枝和双干整枝技术。

五、实训成果

1. 比较番茄(无限生长型)、茄子、辣椒的分枝结果习性有什么异同点。

2. 比较不同生长类型的番茄、茄子、辣椒品种整枝技术的特点。

任务考核评价:

茄果类蔬菜结果习性的观察及整枝技术考核评价表

学生姓名: 班级: 学号:

指导教师: 填表日期: 年 月 日

实训任务:

实训过程考核(70分)	赋分标准	分值	得分
专业技能	能够掌握茄果类蔬菜的分枝结果习性的特点。	10	
	能够掌握茄果类蔬菜的整枝技术。	15	
	能设计制定茄果类蔬菜的整枝技术措施方案。	10	
学习态度	能及时独立完成作业和实训报告。	10	
	能完成预习内容并查找相关资料。	5	
素质能力	爱护实训设施设备,遵守实训要求。	4	
	在实训任务过程中踏实肯干,态度端正,具有责任心。	4	
	认真研究实训内容,在完成实训任务的过程中积极主动,严肃认真。	4	
	在分组活动中能根据任务需要,团结协作,具有团队意识。	4	
	在实训中愉快接受任务并与他人愉快合作,善于沟通。	4	
实训成果考核(30分)	会分析茄果类蔬菜的分枝结果习性的特点。	10	
	会茄果类蔬菜的整枝技术。	10	
	写出实训报告。	10	
总评		100	

任务十二 种子质量的检验

一、实训目标

掌握种子净度、发芽势、发芽率、含水量、容重、千粒重的测定方法,在进行生产时能根据质量检验结果正确计算出播种量。

二、实训准备

材料:玉米种子 800 g、小麦 500 g、谷子 250 g 各两份,一份装入玻璃瓶内,另一份装在布袋或盆里。

用具:扦样器、分样器、恒温箱、烘箱、电子水分测定仪、天平(感量 0.1 g 和 0.01 g)干燥器、小型磨粉器、称量盒、坩埚钳、分样板、种子筛、发芽皿、刀片、镊子、放大镜、TTC 染液、5%的红墨水、滤纸、清水、标签、糨糊、容重器等。

三、实训方式

种子检验是农业生产中必不可少的重要环节之一,主要是鉴定种子品质和种子的播种品质。种子检验包括田间检验和室内检验两大部分。

田间检验以检验品种纯度为主,结合调查病虫害和杂草发生情况。

室内检验主要是对播种材料的种子品质进行检验。检验内容包括净度、发芽势、发芽率、含水量、千粒重、容重、种子生活力等。播种质量好的种子是保证作物播种后苗全苗壮使作物获得丰产的重要措施。而种子质量检验又是实现种子标准化、确保农业生产播种品质优良的种子不可缺少的环节。

种子检验时,对被检验的种子要采取正确的扦样方法取得原始样品,经过分样取得两份平均样品,一份供检验种子净度、发芽率和千粒重用;另一份供检验含水量用。检验含水量的平均样品,应立即放在玻璃瓶内盖严,以防止空气湿度影响种子的含水量。

四、实训实施

(一)取样

进行种子检验时,由于被检对象数量很大,只能从中抽取具有代表性的一定数量的样本进行检验。样本按其先后及性质不同,分为原始样本、平均样本和小样本三种。

1. 原始样本

由同一个检验单位取得的全部样本混合在一起，成为这个单位的原始样本。原始样本应来自一个检验单位。即这些检验材料不但要属于同一作物同一品种，而且产地来源、收获时间、贮藏条件、贮藏方法、年限、种子色泽等都应相同。

固定场所或运输工具上的检验材料在取样时，由于贮藏条件不同，可分为袋装取样和散装取样。

（1）袋装取样　为使样本具有代表性，凡同一检验单位的材料在 10 袋以下时，应按袋分上、中、下三个部位取样。若在 10 袋以上时，则可轮换每袋取样位置，每袋取样一次。

取样时一般用单管扦样器扦样。如果是大粒种子，可用双套管扦样器，拆开袋口一角进行扦样。注意取样时，扦样器不能中途停止，以免非取样部分的种子进入扦样器内，降低取样的准确性。

取样数量规定：10 袋以下，扦 5 袋；11～20 袋，扦 6 袋；21～40 袋，扦 7 袋；41～60 袋，扦 8 袋；61～80 袋，扦 9 袋；81～100 袋，扦 10 袋；101～200 袋每增加 20 袋，增扦 1 袋。若种子数量大，可酌情减少扦样袋数，但是最少不得少于总袋数的 5%。

（2）散装取样

分区设点：贮藏在仓库中的种子每个检验单位的大小，因作物而异。同时，每个检验单位应划分若干区（取样区）。一般地，当检验单位在 500 m^2 以上时，每区面积不得少于 100 m^2；检验单位为 100～150 m^2，不得少于 50 m^2；检验单位在 100 m^2 以下，不得少于 25 m^2。然后每个取样区内分别自四周，中心 5 点取样，四角各点距边缘 50 cm；三个取样区相邻时，分 11 点取样。散装取样将种子堆摊平，然后再行取样，同时应自上而下按层次取样，不得随意乱取，以免影响样本的代表性。不足 0.5 m^2 者可用手取样。

按堆分层：每点取样的层次，因种子堆高低而异，堆高不足 2 m 时，分上下两层取样；当堆高为 2～3 m 时，分上、中、下三层取样，上层应在堆面以下 10 cm 处，中层为种子堆高 1/2 处，下层距地面 10 cm 处；若堆高大于 3 m 时，可适当增加取样层次。

圆仓扦样法：与散装扦样法相同，每层在内、中、外三处设 5 点，内点在圆囤中心中点在圆囤半径 1/2 处，外点距仓边 30 cm 处，每层 5 个点设在通过中心点的两条垂直线上。

2. 平均样本

原始样本经过分样，就成为供分析用的平均样本。

原始样本经过分样器分样法或十字分样法，获得的样本即为平均样本。

3. 小样本(试验样本)

取得平均样本后，在进行各项检验时还必须自平均样本中分取小样本。大粒种子和数量多的种子可以采用十字分样法获得；小粒种子和数量少的种子可将平均样本摊开铺在桌面上 1 cm 厚，铺成正方形或长方形，然后用牛角勺进行取样，取样时应至底部，不能仅取表面的种子。

(二)室内检验

1. 种子净度(清洁率)

种子净度是指样本中去掉杂质和废种子后，留下本作物好种子的重量占样本总重量的百分率。

从平均样品中采用“四分法”取出两份供净度检验用的样品，每份样品的重量：玉米 200 g、小麦 50 g、谷子 5 g。然后将每份样品分出好种子、废种子、有生命杂质和无生命杂质，分别堆放。

好种子和各种杂质的标准是：

(1)好种子　①具有种胚并符合下列条件的本作物的种子；②完整的、发育正常的饱满种子；③种子虽不饱满，但种子大小不小于正常种子 1/3 的；④部分胚乳或子叶受损伤，但还保存 2/3 以上的；⑤幼根和胚芽开始拱破种皮，但尚未露出种皮外的种子。

(2)废种子　包括无种胚、种子大小小于正常种子 2/3、种胚发芽已露出种皮以及缺损部分已超过种子体积 1/3 的种子。

(3)有生命杂质　包括其他作物和杂草的种子，活的昆虫的幼虫、卵和蛹以及病菌的孢子团、线虫病粒等。

(4)无生命杂质　包括土壤、砂石、作物的茎秆和颖壳、种子碎屑以及死虫和虫、鼠粪便等。

样品分类后，用感量 0.01 g 或 0.1 g 的天平称出它们的重量，计算出它们占样品重量的百分率。好种子所占的百分率，便是样品的种子净度，其计算公式是：

$$\text{种子净度}=\text{好种子重量(g)}/\text{样品重量(g)}\times 100\%$$

两份样品分析结果的差距如果没有超过允许差距，即可用它们的平均数作为这批种子的净度。否则，如果两份样品分析结果的差距超过允许差距了，那么还要测定第三份样品，选择差距在规定范围内的两份样品平均，两份样品分析结果的允许差距列于表3-7。

表3-7 净度检验两份样品分析结果的允许差距 %

种子净度平均	允许差距	种子净度平均	允许差距	种子净度平均	允许差距
99.5以上	±0.2	96.1～97	±1.0	92.1～93	±1.8
99.1～99.5	±0.4	95.1～96	±1.2	91.1～92	±2.0
98.1～99	±0.6	94.1～95	±1.4	90.1～91	±2.2
97.1～98	±0.8	93.1～94	±1.6	85.1～90	±3.0

如果有种子分级筛，在种子分类前可用分级筛进行筛理，以减轻净度检验的工作量。不同作物种子的筛孔规格见表3-8。

表3-8 不同作物种子的筛孔规格 mm

作物	上层	中层	下层
玉米	—	小粒2.5(圆孔)大粒4.5(圆孔)	2.5(圆孔)
小麦	2.2×25(长孔)	1.5×15(长孔)	1.0(圆孔)
谷子	2.0、1.5、1.2(圆孔)	—	—

筛理时，按上、中、下层次摞好各层筛子，如果筛孔是长方形的，各层筛孔的方向要一致。样品倒入上层后加盖，长方形筛孔的要顺着筛孔的方向筛动，3 min往返筛动180次，圆孔筛转动3 min。留在上层的为大型杂质，中层筛留的种子为大小符合好种子标准的种子，下层的种子为不符合好种子标准的瘦小种子，下层筛下的是微小杂质。在此基础上进行样品的分类。

2. 千粒重(百粒重)

种子千粒重是指1 000粒风干种子的重量。但大豆、玉米种子较大，多以百粒重来表示。种子千粒重(百粒重)的大小，是种子品质的重要标志之一，同时也是确定播种量的重要依据。千粒重(百粒重)通常用克来表示。用天平称重，重复一次，两次结果之差不得超过算术平均值的3%。

从经过净度检验的好种子中，随机数出1 000粒种子，玉米等大粒种子每份500粒，用感量0.01 g或0.1 g的天平称重即可。两份样品的差距不超过平均重量的5%，即可用它们的平均数表示这批种子的千粒重(或百粒重)，取差距最小的两份平均。

3.发芽势和发芽率

种子发芽势是指种子在发芽试验规定的天数内发芽种子占供试种子的百分数。

种子发芽率是指发芽试验在规定的天数内全部正常发芽的种子占供试种子的百分数。

$$种子发芽势=\frac{规定发芽势天数内正常发芽的粒数}{供试种子粒数}\times 100\%$$

$$种子发芽率=\frac{规定发芽率天数内正常发芽的粒数}{供试种子粒数}\times 100\%$$

从净度检验的好种子中随机取出4份种子，小粒种子小麦和谷子每份100粒，大粒种子玉米每份50粒。然后在发芽皿上铺沙子或滤纸做发芽床(玉米和小麦铺沙子，谷子铺滤纸)，倒入清水，使发芽床水分饱和但不宜有过多的积水。再将每份种子摆在一个发芽皿内，种子间要保持一定的距离，不能互相接触。摆好种子后，在发芽皿的底盘上贴好用铅笔写的标签，注明品种名称和重复次数。然后将发芽皿放在恒温箱或其他能控制温度的场所。发芽试验期间规定的温度和天数列于表3-9。

表3-9 种子发芽试验规定的温度和天数

作物	温度/℃		天数	
	恒温	变温	发芽势	发芽率
玉米	30	20～30	3	7
小麦	20		3	7
谷子	30	20～30	3	7

试验期间要经常检查恒温箱的温度和发芽床的水分，注意不要使发芽床干燥。发现有种子发霉，应将已经霉烂的种子取出，并进行记载，如果只是种子表面发霉，冲洗后仍然放在原处。

种子已经发芽，要每天检查一次，把符合正常发芽标准的种子拣出，并在记录表上记下每天拣出的种子数。凡符合下列条件的属于正常发芽的种子：

(1)禾谷类作物长粒种子的幼根达种子长度、幼芽达种子长度一半。

(2)单子叶植物圆粒种子的幼根和幼芽达种子直径的长度，双子叶植物圆粒种子的幼根达种子直径的长度。

凡出现下列情况的，都不得作为正常发芽的种子：

(1)禾谷类植物种子幼芽或幼根残缺、畸形或腐烂。

(2)幼根显著萎缩,呈纤维状或幼根、幼芽呈水肿状。

过了发芽试验规定的天数,可根据记录表上记载的结果,计算出每个重复的种子发芽势和发芽率。如果重复间差异不大,便可用4次重复的平均数作为这批种子的发芽势和发芽率。如果有一个重复超过了允许误差的范围,则以其他3个重复平均;如果2个重复超过允许误差,则应重新试验。发芽试验的允许误差列于表3-10。

表3-10 发芽试验结果的允许误差 %

平均发芽率	允许误差	平均发芽率	允许误差
95以上	±2	71～80	±5
91～95	±3	61～70	±6
81～90	±4	51～60	±7

4.种子含水量

种子含水量是指种子中水分含量占种子重量的百分比。测定种子含水量的方法有好多种,应用较多的有烘箱测定法和电子水分测定仪测定法。

烘箱测定法:从测定种子含水量的样品中取出30 g左右的种子,挑净杂质,用小型磨粉器磨碎,细度应达到通过1.5 mm筛孔的不小于90%。

事先将称量盒放入烘箱内,在105℃下烘烤30 min,移到干燥器内冷却,用感量0.01 g天平称重,记下盒子的号码和重量。然后将磨碎的样品放在称量盒内用感量0.01 g的天平称准5 g样品,共称两份,再将盒盖扣在底上,放在预热至115℃的烘箱内,用坩埚钳取出称量盒,盖好盖子,放入干燥器内冷却30 min后取出称重,记下重量。然后再放入105℃的烘箱内烘烤1 h,冷却后称重,这样一直到前后两次重量的差值不超过0.02 g时为止,记下后一次的重量作为烘干后的重量,按下列公式计算种子的含水量。

种子含水量=(烘前样品重－烘后样品重)/烘前样品重 ×100%

两份样品测定的结果,其差距如不超过0.4%,则以两份的平均数作为这批种子的含水量,否则需要重新测定。

为了缩短烘干的时间,也可将烘箱预热到140～150℃,称量盒放入后在5 min内调节到(130±2)℃。经40 min,取出冷却称重。

5.种子用价(种子利用率)

种子用价是指种子的实际播种价值。计算公式为:

$$种子用价=种子净度\times发芽率$$

6. 种子容重

容重是指一定容积内种子的重量。测定容重时一般应取清洁的种子。容重测定一般借助专门仪器。容重测定时，需重复一次，取两次平均值。

$$播种量(kg/hm^2)=\frac{公顷保苗株数\times千粒重(g)}{种子利用率\times田间计划保苗率}\times1\,000\times1\,000$$

(三)种子生活力快速测定

选取有代表性的种子，随机抽取需要的种子准备进行测定。

1. 试剂配制

称取1 g TTC溶于1 L蒸馏水或冷开水中，配制成0.1%的TTC溶液。药液pH应在6.5～7.5之间，以pH试纸检验即可(如不易溶解，可先加少量酒精，使其溶解后再加水)。TTC溶液要求现配现用，并贮藏在棕色瓶内，放在阴凉黑暗处，如溶液变红则不可再用。

2. 测定

取玉米种子100粒，新、陈种子各一份，用冷水浸泡一夜或用30～35℃温水浸泡40～60 min，使种子吸水膨胀，以增加种子的呼吸强度，便于染色。取出沥干水分，用单面刀片沿胚的中线纵向切为两半。取其中胚的各部分比较完整的一半，放在小烧杯内，加入0.1%TTC溶液(或5%的红墨水)，以浸没种子为宜。然后置于30～35℃的恒温箱中30 min或在45℃的黑暗条件下染色30 min。染色完成后取出烧杯，倾出药液，用清水冲洗至洗液无色为止。然后观察新、陈种子胚着色情况。种胚全部染成红色的为生活力旺盛的活种子，种胚完全没有着色的为死种子，颜色较浅的为生活力较弱的种子。以此来判断种子的生活力。计算出活种子数快速求出新、陈种子的发芽率。

3. 结果计算

$$发芽率=\frac{发芽种子数(有生活力的种子)}{用作发芽的种子总数}\times100\%\quad(计算结果保留两位小数)$$

五、实训成果

1. 全班分成若干个组，测定玉米、小麦、谷子的净度、千粒重、发芽率、含水量、种子生活力，将测定结果记载于下表。

2. 根据实验结果计算播种量。

种子质量检验结果记载表

编号：

<table>
<tr><td>送检单位</td><td colspan="3"></td><td>产地</td><td></td><td colspan="3"></td></tr>
<tr><td>作物名称</td><td colspan="3"></td><td rowspan="2">送检样品重/g</td><td colspan="4" rowspan="2"></td></tr>
<tr><td>品种名称</td><td colspan="3"></td></tr>
<tr><td rowspan="6">净度分析</td><td>类别</td><td>重复</td><td>试样重/g</td><td>净种子/g</td><td>其他植物种子/g</td><td>杂质/g</td><td colspan="2">各成分重量之和/g</td></tr>
<tr><td>增湿差/%</td><td colspan="7"></td></tr>
<tr><td>其他植物种子种类</td><td colspan="3"></td><td>杂质种类</td><td colspan="3"></td></tr>
<tr><td rowspan="3">净度结果分析计算</td><td colspan="2">净种子/%</td><td colspan="5"></td></tr>
<tr><td colspan="2">其他植物种子/%</td><td colspan="5"></td></tr>
<tr><td colspan="2">杂质/%</td><td colspan="5"></td></tr>
<tr><td rowspan="4">千粒重测定</td><td>重复</td><td colspan="2"></td><td colspan="2"></td><td colspan="3"></td></tr>
<tr><td>重量</td><td colspan="2"></td><td colspan="2"></td><td colspan="3"></td></tr>
<tr><td>误差/%</td><td colspan="2"></td><td colspan="2"></td><td colspan="3"></td></tr>
<tr><td>结果计算</td><td colspan="2"></td><td colspan="2"></td><td colspan="3"></td></tr>
<tr><td rowspan="5">种子生活力测定</td><td colspan="2">重复</td><td>Ⅰ</td><td>Ⅱ</td><td>Ⅲ</td><td>Ⅳ</td><td colspan="2">Ⅴ</td></tr>
<tr><td colspan="2">检测粒数</td><td></td><td></td><td></td><td></td><td colspan="2"></td></tr>
<tr><td colspan="2">有生活力种子数</td><td></td><td></td><td></td><td></td><td colspan="2"></td></tr>
<tr><td colspan="2">种子生活力/%</td><td></td><td></td><td></td><td></td><td colspan="2"></td></tr>
<tr><td colspan="2">平均种子生活力/%</td><td></td><td></td><td></td><td></td><td colspan="2"></td></tr>
</table>

填报日期　　年　　月　　日

种子质量检验结果报告单

编号：

<table>
<tr><td>送检单位</td><td colspan="2"></td><td>产地</td><td colspan="3"></td></tr>
<tr><td>作物名称</td><td colspan="2"></td><td>品种名称</td><td colspan="3"></td></tr>
<tr><td>送检样品重</td><td colspan="2"></td><td></td><td></td><td></td><td></td></tr>
<tr><td rowspan="2">净度分析</td><td>净种子</td><td></td><td>其他植物种子</td><td></td><td>杂质</td><td></td></tr>
<tr><td>其他植物种子种类</td><td colspan="2"></td><td>杂质种类</td><td colspan="2"></td></tr>
<tr><td>千粒重测定</td><td colspan="6"></td></tr>
<tr><td>种子生活力测定</td><td colspan="6"></td></tr>
</table>

填表日期　　年　　月　　日

任务考核评价：

种子质量的检验考核评价表

学生姓名：　　班级：　　学号：

指导教师：　　填表日期：　　年　　月　　日

实训任务：

实训过程考核（70分）	赋分标准	分值	得分
专业技能	能够明确种子检验的具体内容。	10	
	能够掌握种子检验的方法。	15	
	能设计种子检验方案。	10	
学习态度	能及时独立完成作业和实训报告。	10	
	能完成预习内容并查找相关资料。	5	

续表

实训过程考核（70分）	赋分标准	分值	得分
素质能力	爱护实训设施设备，遵守实训要求。	4	
	在实训任务过程中踏实肯干，态度端正，具有责任心。	4	
	认真研究实训内容，在完成实训任务的过程中积极主动，严肃认真。	4	
	在分组活动中能根据任务需要，团结协作，具有团队意识。	4	
	在实训中愉快接受任务并与他人愉快合作，善于沟通。	4	
实训成果考核（30分）	会进行种子检验操作。	10	
	能正确判断种子检验过程。	10	
	写出实训报告。	10	
总评		100	

任务十三　玉米室内考种

一、实训目标

明确玉米室内考种意义，掌握玉米室内考种方法。

二、实训准备

材料：自交系或杂交种玉米果穗或单株。

用具：钢卷尺、天平、台秤、铅笔。

三、实训方式

玉米室内考种，是继田间鉴定之后一项重要工作。由于受条件的限制，有些重要鉴定项目当时在田间不能进行，为了提高选择效果，加快新品种选育进程，必须把玉米田间鉴定和室内鉴定有机地结合起来，为玉米选种材料进行全面的鉴定，从而对其获得系统地了解，这样有助于我们正确地对玉米选种材料进行取舍。

玉米室内考种的项目主要是果穗、种子的一些性状，通过目测法进行鉴定。因此，必须认真细致地鉴定，严格操作规程，使鉴定的结果准确可靠。

四、实训实施

(1) 果穗长度　在准备鉴定的样本中,随机选取果穗 10 个,分别量其长度,求出平均数即为果穗长度。用 cm 表示。

(2)穗粗　从样本中取果穗 10 个,在桌上并列排成一排,每个果穗中部必须对准,然后用米尺从果穗中部量其直径。求出平均数,即为穗粗。以 cm 表示。

(3)秃顶长度　从样本中取果穗 10 个,分别量其秃顶长度,求其平均数,即为秃顶长度。以 cm 表示。

(4)穗粒行数　取果穗 10 穗,分别数其中部籽粒行数,求其平均数。或用多数果穗的粒行数作为该材料的穗粒行数。

(5)穗形　取果穗对照以下标准,比较鉴定其属于哪种穗形。

玉米果穗通常有以下几种类型:

圆柱形:果穗基部及顶部其粗度几乎相等。

长圆锥形:果穗的基部稍粗,向顶部逐渐变细,呈长锥状。

短圆锥状:果穗基部较粗,向顶部变细,呈短锥状。

(6)穗轴色　分红色、紫红色、淡红色、白色四种。

(7)穗轴粗　取 10 个果穗,脱粒后将穗轴放在桌子上并列成排,中部对准,然后用米尺量其中部直径,求其平均数,即为穗轴粗。以 cm 表示。

(8)单穗重　取样 10 穗(包括大、小穗)称其重量,求其平均数即为单穗重。以 g 表示。

(9)单穗粒重　取样 10 穗(包括大、小穗),脱粒后称种子重,求其平均数,即单穗粒重。以 g 表示。

(10)出籽率　取干果穗 500～1 000 g,脱粒后称种子重量,按下列公式求出籽率。

$$出籽率=\frac{籽粒干重}{果穗干重}\times 100\%$$

(11)籽粒类型　分硬粒型、马齿型、半马齿型、粉质型、甜质型、甜粉型、爆裂型、蜡质型、有稃型等。取样对照这些类型进行比较鉴定,确定属哪种类型。

(12)籽粒色泽　分黄色、白色、红色、紫色、黑色等几种。取样本对照标准进行比较鉴定,确定籽粒色泽。

(13)百粒重　从样本中随机取种子 500 粒两份,分别称重,求其平均数并折算成百粒重。以 g 表示。

(14)籽粒产量　将小区收获干种子产量,折合成亩产,以 kg/亩表示。

五、实训成果

学生分成几个组，每组鉴定几个材料，按上列项目进行室内考种，并将考种结果填入下表。

玉米室内考种项目登记表

品种名称（杂交组合或自交系）	穗部性状									粒部性状				产量/(kg/亩)	备考
	穗长/cm	秃头长/cm	穗粗/cm	穗行粒数	穗形	穗轴色	穗轴粗	单穗重/g	单穗粒重/g	粒型	粒色	出籽率/%	百粒重/g		

任务考核评价：

玉米室内考种考核评价表

学生姓名：　　　　　　　　班级：　　　　　　　　学号：

指导教师：　　　　　　　　填表日期：　　年　　月　　日

实训任务：

实训过程考核（70分）	赋分标准	分值	得分
专业技能	能够明确玉米室内考种意义。	10	
	能够掌握玉米室内考种方法。	15	
	能设计玉米室内考种方案。	10	
学习态度	能及时独立完成作业和实训报告。	10	
	能完成预习内容并查找相关资料。	5	
素质能力	爱护实训设施设备，遵守实训要求。	4	
	在实训任务过程中踏实肯干，态度端正，具有责任心。	4	
	认真研究实训内容，在完成实训任务的过程中积极主动，严肃认真。	4	
	在分组活动中能根据任务需要，团结协作，具有团队意识。	4	
	在实训中愉快接受任务并与他人愉快合作，善于沟通。	4	
实训成果考核（30分）	会进行玉米室内考种。	10	
	操作正确、熟练。	10	
	写出实训报告。	10	
总评		100	

任务十四　杂交玉米的制种技术

一、实训目标

使学生掌握杂交玉米的制种技术。

二、实训准备

材料：玉米杂交制种田。

用具：玉米采粉器（学生自制）、小纸筒（直径 3 cm、长 8～10 cm）、细纱布、橡皮圈。

三、实训方式

玉米杂交种是指玉米自交系间杂交得来的种子。根据参与杂交亲本自交系的数目多少及组合方式可分为单交种、三交种、双交种、综合杂交种等。玉米杂交种具有较强的杂种优势。表现生长旺盛，抗逆性强，产量高。所以当前玉米生产上广泛采用的大多是杂交种。但是玉米杂种优势只有第一代表现最为强烈，增产最显著。因此，要保证生产上每年都能播种杂交第一代种子，就必须要年年配制杂交种子和繁殖杂交种的亲本。以供应生产中所需用的杂交种种子。配制玉米杂交种时，一方面要做到提高制种产量，另一方面还要保证杂交种的质量。所以在玉米杂交制种时，都是围绕着杂交制种的产量和杂交种种子的质量来采取相应的技术和管理措施。

四、实训实施

为了保证玉米杂交种子的品质和数量，在制种过程中必须掌握以下几个主要环节。

（一）选地隔离

由于玉米是异花授粉作物，所以植株间极易串花，因此在配制杂交玉米和繁殖杂交种的亲本时，都必须采取隔离措施，以保证自交系的纯度和杂交种的质量。一般把配制杂交种和繁殖亲本的地块称为隔离区。隔离制种田应选择地势平坦，土壤肥力均匀，灌排条件较好的土地作为制种地。一般自交系繁殖区，配种用的单交种制种区，空间隔离不应少于 500 m。双交种、三交种和直接用于大田生产的单交种制种，其空间隔离也不应少于 300 m。时间隔离就是将制种田玉米与周围其他玉米提前或推迟播种，使之与周围玉米花期错开，以达到隔离目的。一般错期 25～35 d。自然屏障隔离，即利用山岭、村庄、林带等天然屏障阻挡外来玉米花粉。这样在空间隔离不符合标准的情况下，自然屏障隔离的作用也能达到安全隔离的目的。另外也可利用高秆作物进行隔离，即当空间隔离、时间隔离和自然屏障隔离都不完全符合标准时，还可以采用高秆作物隔离来补救。即在隔离区四周种植 50～100 行高秆高粱或大麻等高秆作物作为屏障。

(二)规格播种

主要掌握合理的行比、行向和亲本花期相遇问题，以提高制种产量。具体规格如下：

1. 按比例播种父母本

在保证母本能够接受到充足花粉的前提下，尽量增加母本行数，来提高制种产量。应根据父、母株高和生育期的差异，父本雄花发达程度和制种田肥、水条件等诸多因素来确定。一般制种田母本与父本的行数比例为 2∶1。在父本生长势强，花粉量充足的情况下，亦可采用 3∶1、4∶1 或 5∶1 的比例。

2. 行向

东西行向好，有利于借风力传粉。

3. 调整父母本播种

为了使母本的抽出花丝盛期和父本散粉盛期相遇，确保母本授粉良好，对于生育期不同的父母本，必须调节其播种期，以达到花期相遇。主要根据父母本的生育期来调整。如父母本生育期相近，可以同期播种或母本适当提前播种。如父母本生育期不同，那就根据相差的天数来调整。原则上要先播开花晚的亲本，后播开花早的亲本。即晚抽穗的要早播，早抽穗的要晚播。具体错期天数，需根据实际制种的杂交组合而定。父母本错期播种，是保证花期相遇的一种手段，但错期播种并不等于花期相遇一定良好。往往由于气候条件或栽培管理上各种因素的影响，还可能出现花期不遇的现象，因此必须在错期播种的基础上，进行花期预测。通过花期预测，如果发现花期仍有不遇的现象，还可以采取以下措施进行补救。补救具体方法有早期对生长缓慢的亲本进行偏肥管理、偏水管理，促进发育；通过预测如果发现父本有抽雄的可能，则应将母本及早去雄，并剪短果穗苞叶，以利于促进雌穗发育提早抽丝；当父本抽雄晚，母本抽丝偏早时，可剪短母本花丝，以便有利于雌穗接受花粉。

(三)严格去杂

玉米去杂去伪主要是对自交系说的，对以自交系为杂交亲本的单交种、顶交种、三交种的制种田，都必须及时地、严格地进行自交系的去杂去伪工作。去杂去伪是一项细致工作，是提高玉米制种质量的有效措施。必须在熟悉自交系典型性状的基础上，分三次进行。

第一次在幼苗期。根据自交系叶色深浅，叶鞘的颜色，叶片宽窄及有无明显绒毛斑纹等不同特点结合间苗、定苗时进行杂株拔除。

第二次在拔节期。根据植株拔节的早晚、长势、形态等不同进行去杂，一旦发现杂株，立即拔除。

第三次在抽穗期。这次去杂去伪是保证杂交种真实性的最关键的一次，必须认真进行。这次识别真伪杂株的主要依据是：植株的高矮、叶片的宽窄、叶片的大小、株型、雄穗的分枝多少、花药颜色和雌穗花丝的颜色等进行去杂。

第四次在收获后脱粒前进行。根据不同自交系的穗形、粒形、粒色、轴色等进行去杂。

(四)去雄和人工辅助授粉

1. 母本去雄

在制种工作中，对母本严格去雄是保证制种质量和确保种子产量的关键环节之一。去雄必须做到：及时、彻底、干净。及时是指母本去雄及时，即当母本雄穗刚露出顶叶(1/3 左右)尚未散粉之前，及时拔除雄穗，做到及时彻底，风雨无阻。如果母本去雄彻底，父本自交系收获的种子还可以继续利用。彻底是指全制种区所有母本雄穗一株不漏地全部拔除。干净是指拔去母本整个雄穗，不留残枝。如果去雄不及时、不彻底、不干净，就会造成母本自交系或杂交种子的不真实，影响制种质量。

去雄工作应事先组织人力，固定专人负责，掌握去雄技术，在母本抽雄穗初期，做到每天一次，当去雄植株达 90%以上时对剩余植株可一次拔除，以免遗漏。每次拔除的雄穗应带到制种田以外或就地掩埋，不要乱丢乱放，以免串粉。

2. 人工辅助授粉

做好人工辅助授粉，对提高制种产量有显著效果，特别是在花期相遇不好或遇雨等不良气候，不利于散粉的情况下，进行人工辅助授粉效果更加明显。即使在花期相遇较好的情况下，进行人工辅助授粉，也会有一定的增产效果。辅助授粉时间一般在上午 8—10 时，露水干后，散粉最多时进行为好。辅助授粉时期在玉米盛花期进行。授粉前事先用采粉器收集父本的花粉，把花粉装入一头用纱布封口的纸筒(或竹筒)。然后将装有花粉的纸筒(或竹筒)对着雌穗花丝，距离以不接触花丝为原则。然后用手指轻弹纸筒(或竹筒),花粉通过纱布而撒落在雌穗的花丝上。授粉时应采取边采粉边授粉的方式,实行流水作业,否则采粉时间过长,会影响花粉生活力。如此能连续进行3～4次辅助授粉,可以大大提高结实率。

(五)分收保纯

不论是自交系繁殖田或是杂交种制种田,玉米成熟时要及时收获。从收获到贮藏,必须做到分收(收割)、分运(运输)、分脱(脱粒)、分晒(晒干)、分藏(贮藏),严防和其他玉米混杂。杂交制种区一般先收母本行的果穗(父本先熟也可先收父本),等全部运走后再收父本行。凡掉在地上的果穗若不能彻底分清是父本行还是母本行的,一律作为粮食处理。脱粒前要进行穗选,淘汰杂穗。种子在入库前,必须在袋内外放有标签,注明种子名称、等级、数量和生产年代。贮藏期间要有专人负责,定期检查,做到防霉、防虫、防冻、防鼠、防杂等管理措施。

五、实训成果

1.学生参加制种田的播种、去杂、授粉和收获等全部过程。

2.实习前学生制定玉米制种计划。

任务考核评价:

杂交玉米的制种技术考核评价表

学生姓名: 班级: 学号:

指导教师: 填表日期: 年 月 日

实训任务:

实训过程考核(70分)	赋分标准	分值	得分
专业技能	能够掌握杂交玉米的制种技术。	10	
	能够指导播种、去杂、授粉和收获等全部过程。	15	
	能设计玉米制种方案。	10	
学习态度	能及时独立完成作业和实训报告。	10	
	能完成预习内容并查找相关资料。	5	

续表

实训过程考核（70分）	赋分标准	分值	得分
素质能力	爱护实训设施设备，遵守实训要求。	4	
	在实训任务过程中踏实肯干，态度端正，具有责任心。	4	
	认真研究实训内容，在完成实训任务的过程中积极主动，严肃认真。	4	
	在分组活动中能根据任务需要，团结协作，具有团队意识。	4	
	在实训中愉快接受任务并与他人愉快合作，善于沟通。	4	
实训成果考核（30分）	会进行制种玉米的播种、去杂、授粉和收获过程。	10	
	能指导制种玉米的播种、去杂、授粉过程。	10	
	写出实训报告。	10	
总评		100	

任务十五　玉米的自交和测验杂交

一、实训目标

学生能够了解玉米花器构造和开花习性，掌握玉米自交和杂交技术。

二、实训准备

材料：玉米各种类型自交系或准备供选育自交系材料。

用具：羊皮纸袋、棉线绳、纸牌、剪子、曲别针、铅笔等。

三、实训方式

利用杂种优势选育玉米杂交种，是当前玉米育种的主要方法。目前生产上推广的玉米杂交种，都是通过优良的自交系之间杂交选育而成的。玉米自交系是从一个优良的玉米品种或杂交种中选出单株，连续几代（5～6代）用同一株的雄花花粉授在本株雌花的花丝上，使其结实，并通过选择，最后获得性状稳定一致而且优良的单系，即为玉米自交系。自交系的选育和自交系原种繁殖工作都需要人工控制自交。因此，掌握玉米的自交和杂交技术，是搞好玉米育种和良种繁育工作的重要环节。要进行玉米自交和杂交，首先需要懂得玉米的花器构造和开花习性。

(一)玉米花器构造

玉米是典型的异化授粉作物，雌雄同株而异花，属于单性花。玉米雄花为圆锥花序，着生在植株顶端。雄穗主轴与茎秆相连，主轴上生有许多侧枝，并着生许多成对小穗，每对小穗中一个是有柄小穗，位于上方，先开花；一个是无柄小穗，位于下方，后开花。每个小穗通常有 2 个小花，每朵小花有内外颖各一枚，中间有雄蕊 3 个，花丝较短，花药两室，据观察，每个花药内有花粉粒约 5 000 个，整个雄穗能产生 2 000 万～5 000 万个花粉粒。

玉米的雌花为肉穗花序。着生在茎秆中部的叶腋间。除了上部 4～5 片叶子以外，每个叶腋都有一个腋芽，但通常只有地上部倒数 7～8 节处的腋芽发育成雌穗。一般每株结实 1～2 个果穗，其余在发育中途萎缩，但也有继续发育成雌穗为多果穗型的。果穗由穗柄、苞叶、穗轴和雌小穗组成。穗轴上着生许多成对纵行排列的小穗，小穗无柄，每个小穗有两朵小花；其中只有一朵花能发育完好受精结实，另外一朵花退化。发育结实小花的中间是雌蕊，由子房和花柱组成，花柱很长呈丝状，俗称花丝，顶端二裂分杈，称柱头，着生茸毛，并分泌黏液，便于粘住花粉。开花时花丝伸出苞叶，花丝的各部分都有接受花粉而受精的能力。受精后花丝凋萎，下面的子房便结成一粒种子。

(二)开花习性

同一植株雄穗一般比雌穗早抽出 3～4 d。雄穗抽出后 2～3 d 开始开花散粉。开花的顺序是雄穗主轴中上部的小穗先开，然后上部、下部的花依次开放。侧枝开花顺序是由上而下。全穗从开始开花到开花全株结束所需的时间因品种不同而不同，一般全穗雄花开花时间能持续 7～8 d，而开花最盛时间是在开花后 3～4 d。玉米雄花虽然昼夜均能开放，但在晴天以上午 8—10 时开花最多，最旺盛，午后开花显著减少。如遇阴雨天开花时间推迟。

玉米雄穗开花与温度、湿度条件有密切关系。温度 25～28℃ 和相对湿度 70%～90%开花最多，温度超过 30℃和相对湿度低于 60%时开花很少。花粉生活力与气温、湿度关系很大。一般在温度 28～30℃和相对湿度 65%～80%的田间条件下，能保持 5～6 h，8 h 后显著下降，到 24 h 后完全丧失生活力。气温高、湿度大，维持时间则较短。

雌穗的吐丝期一般比雄穗开花期推迟 3～4 d。吐花丝顺序是：果穗中下部的花丝先伸出，而后向上、向下依次陆续伸出，顶部花丝最晚抽出。全穗花丝从开始伸出到结束，一般需 5～7 d。花丝从抽出就具有受精能力，受精后花丝逐渐干枯。如未受精，花丝可以继续伸长。花丝的受精能力可维持 10 d 左右。以抽出后 1 周之内受精能力最强，最适宜授粉。据观察研究：花粉落到花丝上 10 min 内就开始发芽，30～50 min 后大量发芽的花粉管伸长逐渐进入子房而受精。玉米授粉 24 h 就可完成受精过程，受精后 2～3 d 花丝变成褐色而干枯。受精 20 d 后的种子便具有发芽能力。

综上所述，根据玉米雌、雄穗的开花习性所知：雄穗在始花后的 2～4 d 散粉最多，上午 8—10 时的花粉生活力最强，应该在这个时间段采集花粉；并在雌穗吐丝后的 2～4 d 之内授粉，由于这时雌穗花丝已基本抽齐，生活力也强，授粉后结实率也就越高。

在自然条件下，一株玉米雌穗大多数是接受其他植株的花粉而受精结实的，异交率达 95%以上。因此在玉米育种工作中，为了提高选择效果，对选得的优良单株要控制授粉，进行人工自交。在繁殖玉米自交系和配制玉米杂交种时，必须要在隔离条件下进行，以防异花授粉。

四、实训实施

(一)玉米自交

第一步，套袋隔离。在玉米雌穗刚刚露出时，根据育种目标，选择生长良好、无病虫害植株，用羊皮纸袋套住雌穗进行隔离。等到花丝抽出 1 寸左右长时，再用羊皮纸袋将雄穗套住。袋口用曲别针夹紧，以免被风吹落。

第二步，授粉自交。一般在上午 8—10 时进行。采集花粉时，应将父本雄穗稍稍弯下，轻轻地抖动套在雄穗上的纸袋，使花粉散落在纸袋内，收集好花粉后可以进行授粉。授粉时取下雌穗上的纸袋，观察雌穗上花丝情况。如果花丝过长，可以用剪刀剪去一部分，然后立即把收集来的本株雄花花粉对准雌穗进行授粉。授粉完毕，雌穗仍套上纸袋。然后在已自交授粉植株上挂好纸牌，写明品种名称和自交日期。

(二) 玉米测验杂交

玉米测验杂交是用来测定自交系的配合力，以选出配合力高的新的杂交组合用于生产，其方法有二。

(1)套袋测验杂交法　其测定亲本均用自交系。事前根据育种目标选配杂交组合，用作母本的自交系，在雌穗抽出而未吐丝以前，用羊皮纸袋套上雌穗，并用大头针将纸袋别紧。当套袋的雌穗花丝长达 1 寸左右时，下午用羊皮纸袋将大量散粉的父本的雄穗套好，用曲别针别住，第二天上午8—10时，采集父本花粉，按原选定的组合进行授粉。母本授粉后，雌穗上仍要套好袋。母本植株上挂上纸牌，注明杂交组合名称和授粉日期。如果某一组合正反交都做，则这个组合的亲本雌雄穗均要套袋，进行成对杂交授粉。

(2)隔离测验杂交法　先根据育种目标确定杂交组合，然后把各组合的母本自交系和父本自交系播种在隔离区内，母本可以用多个自交系，父本只能用一个自交系。这样参与杂交的母本自交系无论数目多少，只能与这一个父本杂交，可得多个杂交新组合。

隔离测验杂交法播种时，每个母本自交系播种一行，播两个母本自交系后播种一行父本自交系。如父母本开花期不同，则设法调整。当母本自交系抽出雄穗时，立即去雄，让父本的花粉进行自由授粉。

五、实训成果

每个学生进行玉米自交和杂交1～2穗，亲自参加套袋和授粉。成熟时检验其结实情况。

任务考核评价：

玉米的自交和测验杂交考核评价表

学生姓名：　　　　　　班级：　　　　　　学号：

指导教师：　　　　　　填表日期：　　　年　　月　　日

实训任务：

实训过程考核（70分）	赋分标准	分值	得分
专业技能	能够掌握玉米花器构造和开花习性。	10	
	能够掌握玉米自交和杂交技术。	15	
	能设计玉米杂交方案。	10	
学习态度	能及时独立完成作业和实训报告。	10	
	能完成预习内容并查找相关资料。	5	

续表

实训过程考核（70分）	赋分标准	分值	得分
素质能力	爱护实训设施设备，遵守实训要求。	4	
	在实训任务过程中踏实肯干，态度端正，具有责任心。	4	
	认真研究实训内容，在完成实训任务的过程中积极主动，严肃认真。	4	
	在分组活动中能根据任务需要，团结协作，具有团队意识。	4	
	在实训中愉快接受任务并与他人愉快合作，善于沟通。	4	
实训成果考核（30分）	会检查产品整理质量。	10	
	会进行玉米自交和杂交操作。	10	
	写出实训报告。	10	
总评		100	

附表：农艺工国家标准

一、初级

一、播前准备	（一）土地准备	1.能实施播前灌溉 2.能确定耕翻时期和深度 3.能按要求施用基肥	1.土壤耕作常识 2.基肥施用常识 3.轮作倒茬知识
	（二）农资准备	1.能按要求准备肥料 2.能按要求准备种子 3.能按要求准备农药	1.农药基本知识 2.肥料基本知识 3.种子基本知识
	（三）育苗	1.能够按要求准备育苗设施 2.能够按指定的药剂进行基本设施、基质消毒 3.能够按指定的地点和面积准备苗床 4.能够按配方配制基质和营养液 5.能按要求直播或催芽播种 6.能按要求进行幼苗管理	1.消毒剂使用方法 2.苗床制作知识 3.基质知识 4.种子发芽常识 5.幼苗管理常识

续表

二、播种	(一)整地	1.能够按指定的时间、深度和墒情进行平整土地 2.能够按要求开排、灌沟，起垄做畦，铺设节水设备 3.能够按规定使用除草剂	1.除草剂使用方法和注意事项 2.土壤结构一般知识 3.农田排、灌水常识
	(二)直播	1.能按要求进行播种 2.能按要求对种子进行覆土	播种方式和方法
	(三)移栽	1.能够按要求开沟或穴 2.能按指定的时间、深度、密度移栽 3.能够按要求浇移栽水	移栽常识
三、田间管理	(一)耕作管理	1.能按要求保墒、中耕、松土、除草 2.能够根据不同作物的要求起垄培土	1.常用耕作技术知识 2.起垄培土方法
	(二)肥水管理	1.能够按配方适时追肥、补施微肥 2.能够按作物要求灌溉方式进行灌溉	1.追肥、浇水方法 2.叶面施肥方法
	(三)植株管理	1.能按要求间、定苗 2.能按要求整枝 3.能按要求喷洒生长调节剂	1.间、定苗知识 2.整枝知识和方法 3.化学调控知识
	(四)病虫草害防治	1.能够按要求保管农药，使用、清洗药械 2.能够按防治方案使用农药防治病虫草鼠害	1.常用药械保管知识 2.农药贮存、保管及安全使用常识 3.常用病虫草鼠害防治方法
四、收获管理	(一)收获	1.能够按要求收获 2.能够清理植株残体和杂物	1.作物成熟标准 2.收获方法 3.田间清理知识
	(二)整理	1.能够按质量标准整理产品 2.能按要求包装产品	作物产品的整理和包装方法
	(三)贮藏	1.能按要求贮藏产品 2.能按要求防治仓库病虫鼠害	1.产品贮藏知识 2.仓库病虫鼠害知识

二、中级

一、播前准备	(一)土地准备	1.能根据作物种类确定基肥的种类和数量 2.能根据土壤墒情进行播前灌溉 3.能够选配和使用除草剂	1.施肥基础常识 2.灌溉基础常识 3.除草剂知识
	(二)农资准备	1.能根据不同作物种类和面积准备肥料 2.能辨别常用肥料的外观质量 3.能按要求选择作物品种、检查种子质量、处理种子 4.能选择农药种类、辨别常用农药外观质量	1.肥料知识 2.常用肥料质量标准 3.种子知识 4.农药知识
	(三)育苗	1.能够按要求进行苗床整修,并维护设施 2.能够根据作物幼苗生长要求配制基质 3.能够确定基质消毒药剂 4.能够计算苗床面积 5.能够进行育苗期间的相应技术调查 6.能够培育出适龄壮苗	1.作物营养知识 2.基质配制方法 3.种子处理知识 4.消毒剂配制方法 5.苗期技术调查方法 6.幼苗管理基本知识
二、播种	(一)整地	1.能够按作物和耕地状况平整土地 2.能够按要求进行排、灌沟的布局	1.土壤耕作知识 2.农田水利知识 3.农机具基本知识
	(二)直播	1.能计算播种量 2.能够适时、适量、按适宜深度播种	播种知识
	(三)移栽	1.能够确定移栽方案 2.能够检查移栽质量	1.育苗和移栽知识 2.作业质量检查方法
三、田间管理	(一)耕作管理	能够检查中耕、松土、保墒、除草及起垄培土的质量	土壤耕作知识
	(二)肥水管理	1.能够按照作物不同生育时期及生长情况,进行土壤施肥、随水施肥及叶面施肥 2.能够按作物生长状况、土壤墒情确定灌溉时期	1.作物生育期及需肥特性知识 2.作物灌溉及施肥基本知识 3.根外施肥基本知识 4.土壤样品采集知识
	(三)植株管理	1.能制定间、定苗的具体方案 2.能制定作物整枝的具体方案 3.能确定生长调节剂使用时期、种类、计量	1.合理密植知识 2.作物营养生长和生殖生长知识 3.植物生长调节剂知识

续表

三、田间管理	(四)病虫草害防治	1.能够识别当地主要病虫草鼠害及其天敌 2.能够使用农药、药械防治病虫害 3.能配制药液、毒土(饵),防治病虫草鼠害,检查防治效果	1.常用病虫草鼠害调查方法 2.常用药械维护知识 3.常用药品配制计算方法
四、收获管理	(一)收获	1.能够按要求确定作物采收时间 2.能够检查收获质量 3.能够根据作物情况制定秸秆还田方案	1.产品采收知识 2.产品外观质量鉴定知识 3.作物秸秆还田知识
	(二)整理	1.能够进行产品检测采样 2.能够检查产品整理质量 3.能按要求包装产品	1.产品质量标准及采样方法 2.产品整理知识
	(三)贮藏	1.能根据收获产品的特性制定贮存方案 2.能调查仓库病虫鼠害	1.产品贮藏知识 2.仓库病虫鼠害调查方法

三、高级

一、育苗	(一)苗情诊断	1.能识别苗期常见病虫害,并能及时进行防治 2.能判断幼苗长势长相	1.苗期病虫害症状知识 2.苗情诊断知识
	(二)幼苗管理	能够根据幼苗长势长相,调节生长环境	幼苗生长环境调控知识
二、田间管理	(一)肥水管理	1.能识别主要作物常见的营养缺乏及营养过剩症状 2.能够鉴别常用肥料的质量 3.能够实施节水灌溉	1.作物常见的营养缺乏及营养过剩症状知识 2.常用肥料的鉴别知识 3.作物需肥需水规律
	(二)植株管理	1.能够根据留苗密度实施管理措施 2.能够根据植株长势长相进行综合调控	1.田间管理知识 2.植物生长调节方法
	(三)病虫草害防治	1.能够按要求开展病虫草鼠害调查 2.能够进行常用新型农药的配制 3.能够识别农药中毒症状并能进行现场救护	1.农药配制知识 2.农药安全使用常识和农药中毒急救方法

续表

三、收获管理	(一)收获	1. 能够在收获前对产量进行测定 2. 能依据收获农产品品质要求及时收获 3. 能够根据作物特点制定残茬处理、土壤耕翻方案	1. 测定产量知识 2. 农产品质量分级常识 3. 茬口安排知识
	(二)整理	1. 能够进行产品检测采样 2. 能够检查产品整理质量 3. 能按要求包装产品	1. 产品质量标准及采样方法 2. 产品整理知识
	(三)贮藏	1. 能够根据产品的特点选择设施,确定仓储方案 2. 能制定和实施仓库病虫鼠害综合防治方案	1. 仓储知识 2. 仓库病虫鼠害综合防治知识
四、技术指导	(一)拟定生产计划	能起草年度种植计划	耕作制度知识
	(二)技术示范	能够对初、中级人员进行生产技术操作示范	作物栽培管理知识

四、技师

一、育苗	(一)苗情诊断	能识别苗期生理与侵染性病虫害,并能制定综合防治措施	苗期病虫害综合防治知识
	(二)幼苗管理	1. 能够制定幼苗管理方案 2. 能够根据植株长势长相进行管理	1. 幼苗管理知识 2. 苗情诊断知识
二、田间管理	(一)肥水管理	1. 能根据主要作物的各种缺素及营养过剩症状,制定调整措施 2. 能够根据作物的长势长相,制定相应的水肥管理措施 3. 能够制定节水灌溉方案 4. 能够根据土壤测试结果,制定施肥方案	1. 作物栽培知识 2. 植物营养诊断知识 3. 配方施肥知识 4. 节水灌溉知识
	(二)植株管理	能够根据植物生育特性及阶段生长特点制定调控方案	植物长势与调控措施相关知识
	(三)病虫草害防治	能对主要病虫草鼠害发生期和发生量进行调查,汇总分析	主要病虫草鼠害发生特点

续表

三、技术管理	(一)编制生产计划	1.能够根据作物特点及环境条件制定轮作方案 2.能够根据主要作物特性进行合理布局,制定生产计划 3.能制定农资采购计划	1.作物生长于环境关系知识 2.农作物布局知识 3.农业经营与管理有关知识
	(二)技术评估	1.能评估技术措施应用效果 2.能对技术措施存在问题提出方案	技术评估方法
	(三)信息管理	能够采集、整理和应用相关农业信息	1.计算机应用及网络基础知识 2.农业信息管理有关知识
	(四)技术开发与总结	1.能够有计划地引进、试验、示范、推广新品种,应用新材料、新技术 2.能够编写生产技术总结	1.田间试验与统计知识 2.种子繁育基础知识 3.农业技术推广的有关知识 4.常用应用文的写作知识
四、培训指导	(一)技术培训	1.能制定初、中、高级人员培训计划并进行培训 2.能准备初、中、高级人员培训资料、实验用材	1.培训计划编制方法 2.讲稿编写方法
	(二)技术指导	能制定初、中、高级人员在各生产环节进行实验示范和指导	技术指导方法

五、高级技师

一、田间管理	(一)肥水管理	1.能够根据作物的种类和品种特性及水肥需求规律,制定相应的水肥管理方案 2.能够根据作物需水和生态环境优化节水灌溉措施	1.作物生理生化基础知识 2.测土配方施肥实施规范 3.微机决策施肥原理、施肥步骤
	(二)病虫草鼠害防治	1.能识别检疫性病虫草害 2.能够应用预报预测数据,制定综合防治方案	1.检疫性病虫草害知识 2.病虫草鼠害统计分析方法及预测预报基础知识 3.综合防治知识

续表

一、田间管理	(三)中低产田改良	1. 能够应用土壤化验数据,分析低产原因 2. 能够制定有效地土壤改良措施	1. 作物高产的土壤限制因素及其相关知识 2. 土壤改良与培肥方法
	(四)自然灾害补救	1. 能够制定自然灾害预防措施 2. 能够调查受灾情况 3. 能够鉴定农业生产灾害,制定补救方案	1. 自然灾害预防知识 2. 灾情调查方法 3. 灾害性天气有关知识
二、技术管理	(一)编制生产计划	1. 能够及时了解主要农产品的市场信息,制订作物种植结构方案 2. 能够根据国家标准,组织无公害、绿色、有机农产品的生产 3. 能根据国家计划、粮食安全要求,调整种植计划	1. 农产品市场预测知识 2. 优势农产品布局及农产品质量安全有关知识 3. 无公害、绿色、有机农产品标准
	(二)技术开发与总结	1. 能根据生产中存在的问题,开展测验研究与技术创新 2. 能够指导农作物的良种繁育 3. 能够针对相关专题撰写论文	1. 试验研究基本知识 2. 作物品种的提纯复壮及杂交制种知识 3. 论文撰写方法
三、培训指导	(一)技术培训	1. 能编制高级工和技师培训计划 2. 能准备高级工和技师培训资料和实验用材 3. 能对高级工和技师进行培训	1. 培训计划编制方法 2. 生产实习教学法的有关知识 3. 农业经营与管理有关知识
	(二)技术指导	能对技师进行实验示范和实训示范	

六、比重表

(1)理论知识

项目		初级(%)	中级(%)	高级(%)	技师(%)	高级技师(%)
基本要求	职业道德	5	5	5	5	5
	基础知识	25	20	15	10	5
相关知识	播前准备	15	15	—	—	—
	播种	10	10	—	—	—
	育苗	—	—	10	10	—
	田间管理	35	40	35	30	25
	收获管理	10	10	10	—	—
	技术管理	—	—	—	25	40
	技术指导	—	—	25	—	—
	培训指导	—	—	—	20	25
合计		100	100	100	100	100

(2)技能要求

项目		初级(%)	中级(%)	高级(%)	技师(%)	高级技师(%)
技能要求	播前准备	15	15	—	—	—
	播种	20	20	—	—	—
	育苗	—	—	15	15	—
	田间管理	50	45	40	35	30
	收获管理	15	20	20	—	—
	技术管理	—	—	—	30	45
	示范指导	—	—	25	—	—
	培训指导	—	—	—	20	25
合计		100	100	100	100	100

参考文献

[1] 山东省昌潍农业专科学校. 作物遗传与育种学. 北方本,下册. 北京:农业出版社,1979.

[2] 山东农学院. 作物栽培学. 北方本,上册. 北京:中国农业出版社,1980.

[3] 山东农学院. 作物栽培学. 北方本,下册. 北京:中国农业出版社,1980.

[4] 北京农业工程大学. 农学基础. 北京:农业出版社,1986.

[5] 河南省中牟农业学校. 作物栽培学实验实习指导. 北京:农业出版社,1981.

[6] 农牧渔业部. 蔬菜栽培学. 北京:农业出版社,1987.

[7] 山东农学院. 蔬菜栽培各学. 北方本. 北京:农业出版社,1979.

[8] 山东农业大学. 蔬菜栽培各学. 北方本. 北京:农业出版社,1984.

[9] 张瑞岐,孙兴元,刁家连. 作物栽培学. 北京:中国农业出版社,1995.

项目四 农艺植物保护技术

【项目说明】

植物保护实训是理论与实践相结合的具体体现形式。是植物保护技术课程的重要组成部分，是对植物病虫害相关概念、基础知识与基本原理的深化理解、实验验证、增强感性认识的衔接补充。实训时以校内实训室及实训基地为主体理实互通，实行教、学、做系统化。通过对实训成果检验的方式，巩固学生的基础知识与基本技能。

本教学项目属于专业技能训练模块，主要解决的问题是农艺植物昆虫鉴别、农艺植物病害的诊断、化学农药的识别及使用等基本知识和基本技能。

【实训目标】

1. 会鉴别农艺植物主要昆虫。

2. 能对田间发生的常见病害进行诊断。

3. 能正确识别、选用化学农药。

4. 会使用和维护农艺植物生产上常用的防治器械。

【知识目标】

1. 巩固昆虫纲特征、昆虫体躯的基本结构及器官类型等知识。

2. 巩固农艺植物病害概念、病害的病症病状基本类型等知识。

3. 巩固正确识别、选用化学农药的基本知识。

4. 掌握常用植物保护防治器械工作原理与保养的知识。

【素质目标】

1. 培养学生环境保护意识。

2. 培养学生正确的学习方法，运用归纳总结，培养创新能力。

3. 在实训中培养学生协作互助精神，提高相互沟通与协调的能力。

4. 加强学生运用辩证唯物主义哲学观分析及解决问题的能力。

任务一 昆虫外部形态及生物学特性观察

知识目标:掌握昆虫纲的特征,了解昆虫头部的结构、分区,掌握昆虫口器、触角、足、翅的基本结构与类型。

能力目标:能正确识别昆虫及区分昆虫口器、触角、足、翅的基本结构与类型。

子任务一 昆虫的体躯与头部的器官

一、实训目标

通过昆虫纲的代表直翅目昆虫蝗虫的观察,掌握昆虫纲的特征,了解昆虫头部的结构、分区,掌握昆虫触角的基本结构与类型。通过对昆虫常见口器的解剖与观察,掌握昆虫各种类型口器的基本结构。

二、实训准备

解剖镜,解剖针,镜头纸,蝗虫,昆虫纲各种类型触角的玻片标本或具各种类型触角的昆虫的针插标本或浸泡标本。蛾蝶类、蝗虫、蝇类、叶蝉、蚊子和蜂类等口器的玻片标本或浸泡标本。

三、实训方式

1. 观察昆虫身体的分区(部)。
2. 观察头部、胸部和腹部的基本结构。
3. 观察触角的基本结构和类型。
4. 解剖蝗虫口器,观察着生部位及结构。

四、实训实施

(一)昆虫体躯结构

1. 头部

头部:感觉器官有1对复眼,3个单眼和1对触角。

头部的分区:头额的上面称头顶,后面称后头,前面称额,两侧称颊,额下面是唇基。

口器：观察蝗虫口器各部分的着生部位及特征。

2. 胸部

(1)胸部的基本结构　昆虫胸部分为前胸、中胸和后胸3节，每节由背板、腹板和侧板构成。

(2) 胸足　昆虫的前、中、后胸各具1对足，即前、中、后足，着生于每一胸节的侧腹面。

(3)翅　昆虫中胸与后胸各具1对翅，蝗虫的前翅革质，狭长，翅脉明显，为覆翅(又称复翅)，后翅膜质，近于透明。

3. 腹部

昆虫的腹部通常由9～11节组成，通常见到的体节为7～9节；腹部的体节由背板与腹板组成，背板和腹板间由侧膜连接；蝗虫的第1腹节基部两侧具1对鼓膜听器；腹部末节背板称肛上板，腹部末节腹板称下生殖板；雌性腹部具产卵瓣，蝗虫的产卵瓣为短凿状；肛上板与肛侧板间着生1对尾须。昆虫纲的较低等的类群，腹部近端部具1对尾须，其是第11节的附肢演化形成的；直翅目种类的尾须发达，通常雄性结构复杂，雌性尾须结构较简单(较高等的类群没有尾须)。

(二)触角的基本结构与类型

昆虫触角由柄节、梗节和鞭节构成。柄节与梗节结构较简单，鞭节分若干亚节，昆虫触角的变化主要是鞭节的变化造成。

触角的主要类型：

(1)丝状触角(线状触角)　细长，基部1、2节微大，其他各节大小形状相似。如螽斯的触角，天牛与蟋蟀的触角。

(2)刚毛状触角　短小而基部1、2节较粗大，鞭节缩小如刚毛。如蝉和蜻蜓的触角。

(3)念珠状触角　鞭节各节形如小珠，大小均匀，像1串珠子连接成串。如白蚁的触角。

(4)锯齿状触角　鞭节各节向一侧突出成锯齿。如叩头虫的触角。

(5)栉齿状触角　类似于锯齿状触角。如雄性绿豆象的触角。

(6)球杆状(棍棒状)触角　鞭节细长，端部几节膨大近球状。如蝶类的触角。

(7)具芒状触角　柄节膨大，鞭节呈刺芒状。如蝇类的触角。

(8)环毛状触角　鞭节各节有1圈细毛环绕，近基部的环毛较长。如雄蚊的触角。

(9)双栉状(羽毛状)触角　鞭节各节向两侧伸长，状似羽毛。如家蚕、雌蚊的触角。

(10)鳃叶状触角　端部3～7节向一侧伸展成鱼鳃状。如金龟子的触角。

(11)膝状(肘状)触角　柄节长,梗节短小,在柄、鞭节之间成膝状弯曲,鞭节由大小一致的小节组成。如蚂蚁、蜜蜂的触角。

(三)口器结构与类型

先观察上唇,用镊子夹住上唇由基部取下,可见一对锥状、坚硬的上颚。用镊子夹住上颚的基部取下上颚,下方是一对结构复杂的下颚,口器最下面是下唇,舌位于口前腔的腹壁上。取下这五部分后,大致按着生位置摆放好,以便于观察。

(1)咀嚼式口器　上唇,片状,接于唇基前面;上颚,块状或锥状,1对,常呈黑色或黑褐色;下颚,也是一对头部的附肢演化而来,由轴节、茎节、内颚叶、外颚叶和一对分为5节的下颚须组成,基部着生下颚须的突起称负颚须节;下唇,是由类似于下颚的1对附肢愈合而成,主要分为后颏、前颏、侧唇舌、中唇舌和着生于前颏中部后侧的分为3节的下唇须,基部着生下唇须的突起称负唇须节;舌,由头部的腹壁扩展形成。

(2)刺吸式口器　喙管由下唇延长形成,起保护口针作用,通常分为3节;口针由上颚与下颚特化为4条细长的口针;蚊子的刺吸式口器与蝉的刺吸式口器有些不同,蚊子的舌与上唇各形成一条较粗的口针;注意观察上颚口针与下颚口针的区别。

(3)虹吸式口器　观察蛾类、蝶类口器,主要由下颚外叶伸长形成的发条状喙,不用时卷曲于头部腹面,下唇须发达。

(4)示范口器　观察嚼吸式口器(蜜蜂的口器),舔吸式口器(蝇类的口器),锉吸式口器(蓟马的口器)。

五、实训注意事项

(1)没有观察的部位,观察时不要用剪刀或解剖针乱剪和乱扎,避免损坏标本。

(2)注意观察的标本与教材上介绍的代表昆虫的不同之处。

(3)注意观察各种类型口器的结构特点。观察玻片标本时,要调节光线的强弱,让观察更清晰。

(4)注意观察口器各部分的结构特点,刺吸式口器如蚊子口器的上颚与下颚口针在形态上的区别,以及与上唇、舌等口针的区别。

(5)用镊子取下口器的各部分时要用夹子夹住其基部,以免取下的结构不完整。

六、实训成果

1. 写出所观察标本口器、触角的基本类型。绘昆虫的丝状触角、羽状触角、鳃叶状触角、具芒状触角、锯齿状触角、膝状触角、环毛状触角的结构图。

2. 将解剖蝗虫口器，各部分的结构按次序贴于白纸上，并注明各部分名称。

子任务二　昆虫胸部的结构与胸足、翅的结构和类型

一、实训目标

通过对蝗虫胸部结构的观察，掌握昆虫胸部的结构特点，足的着生部位与基本结构与类型；通过对各种翅的观察，认识翅的着生部位及常见翅的类型和基本结构。

二、实训准备

解剖镜、解剖针、镜头纸、镊子。蝗虫、螳螂，雄性龙虱、蝼蛄、水龟虫、蜚蠊、蝉、蝽、蓟马、蜻蜓、蜜蜂、蛾蝶、叶甲和蚊蝇。

三、实训方式

1. 观察昆虫胸部的基本结构。

2. 观察胸足的结构和类型。

3. 观察翅的基本结构及翅的变化与类型。

四、实训实施

(一)胸部的基本结构

前胸背板，马鞍形，侧板很小，腹板在前足之间具前胸腹板突；中胸与后胸的背板被翅覆盖，将翅剪掉才能看清；侧板分前侧片与后侧片，中央为侧沟。腹板发达，但不同种类的结构差较大。另外形态学的名称与分类学上的名称不完全相同。

(二)胸足的结构和类型

1. 胸足的结构

昆虫的胸足通过基节窝与身体相连，基节窝位于侧板与腹板之间。用镊子将

蝗虫后足从基部取下，置于解剖镜下观察基节、转节、腿节、胫节、跗节和前跗节的特点，观察各种昆虫供试标本的3对胸足组成。有的类群爪间具中垫(蝗虫)，有的类群爪的基部具有爪垫(蝇类)。蝗虫的前足与中足为步行足，后足为典型的跳跃足。跗节端部着生一个垫状的结构即中垫。螽斯总科与蟋蟀总科昆虫的前足胫节具听器。

2.胸足的类型

步行足：没有特化，足的各节相对细长，适于行走。如蜚蠊的足。

跳跃足：一般由后足特化而成，腿节膨大，胫节细长，适于跳跃。如蝗虫的后足。

捕捉足：基节较长，腿节腹面具沟，胫节可折回来，腿节与胫节的边缘着生较发达的刺。如螳螂的前足。

开掘足：一般由后足特化而成，便于掘土。胫节宽扁，外缘具坚硬的齿，跗节相对较退化。如蝼蛄的前足。

游泳足：一般由中足和后足特化形成。足的各节宽扁，边缘生有密的长毛，适于划水。如水龟虫的足。

抱握足：雄性龙虱前足跗节膨大，其上生有盘状结构，用于交尾时抱握雌性。

携粉足：胫节较宽扁，外侧凹陷的边缘密生长毛，能携带花粉，叫花粉篮。基跗节扩展，其上生有整齐的数列硬毛，用以梳集黏附体毛上的花粉，叫花粉刷。如蜜蜂的后足。

(三)翅的基本结构与类型

1.翅的基本结构

用镊子小心取下蛾类、蝶类、蜜蜂的前、后翅，仔细观察翅间的连锁方式。然后将夜蛾翅放于培养皿中，滴几滴煤油浸润，用毛笔在解剖镜下将鳞片刷去，观察翅脉。常见昆虫各种类型翅的基本结构为前缘、后缘、外缘，肩角、顶角与臀角。

2.翅的变化与类型

覆翅(复翅)：翅形较狭长，革质。如蝗虫的前翅。

半鞘翅：翅基半部角质或革质硬化，没有翅脉，端半部膜质有翅脉。如蝽类的前翅。

缨翅：质薄透明或半透明，翅脉清晰。如蓟马的翅。

鳞翅：透明膜质的翅面上布满鳞片。如蛾与蝶的翅。

膜翅：质地透明，翅脉清晰。如蜻蜓、蜜蜂的翅。

鞘翅:前翅骨化,质地坚硬,翅脉不明显。如甲虫的前翅。

平衡棒:双翅目昆虫前翅发达,后翅退化为平衡棒,起平衡作用。如蝇、蚊的后翅。

五、实训成果

1. 绘昆虫各种类型足的结构图。
2. 写出所观察标本的口器、触角、足、翅的基本类型。

子任务三　昆虫的腹部及变态类型

一、实训目标

通过实训基本掌握昆虫腹部的结构特征。通过对常见昆虫的各种变态类型的观察,掌握各种变态的特点,各种类型的蛹与常见类群的幼虫的主要特征。

二、实训准备

解剖镜,解剖针,镜头纸,蝗虫,螽斯,蟋蟀,蜜蜂,蝉,食虫虻,瓢虫,金龟子,蜻蜓。蝗虫的若虫与成虫,天牛、蝇、金龟子、蛾子、蝶的幼虫及蛹。

三、实训方式

1. 观察雌、雄昆虫的腹部结构。
2. 观察昆虫的变态类型。

四、实训实施

(一)观察雌、雄昆虫的腹部结构

(1)观察蝗虫雌、雄性的腹部结构。背板与腹板,肛上板,尾须,下生殖板,产卵瓣。蝗虫雌性的产卵瓣主要由背产卵瓣和腹产卵瓣组成,内产卵瓣退化。蝗总科的多数种类腹部第一节两侧具一对鼓膜听器。

(2)观察蟋蟀、螽斯雌、雄腹部末端的结构。雄性:肛上板、尾须(较发达)、下生殖板。雌性:肛上板、尾须(结构较简单)、产卵瓣(发达,细长或宽短)、下生殖板。

(3)观察蜜蜂腹部近端的螯针。

(4)观察蝉的腹部。雄性第1腹节腹面的发声器,雌性腹末的产卵器。

(5)观察不同形态的腹部。瓢虫、食虫虻、蜻蜓、跳虫、衣鱼、金龟子等昆虫的腹部。

(6)雄性蜻蜓第2腹节腹面的交配器。

(二)变态类型的观察

1.不完全变态类的观察

蝗虫的若虫与成虫,主要观察若虫与成虫翅的形态与位置的差异,最好与短翅的成虫一起观察。

2.完全变态类的观察

(1)幼虫的结构与类型　鳞翅目:菜粉蝶的幼虫、家蚕幼虫。主要观察:口器,触角,侧单眼,胸足、腹足及趾钩等。鞘翅目:瓢虫幼虫、蛴螬(金龟子的幼虫)、天牛的幼虫、金针虫(叩甲的幼虫)、拟步甲的幼虫。主要观察:头部的口器、侧单眼、触角、胸足等。双翅目:蝇蛆,蚊子的幼虫。

(2)蛹的类型　被蛹,蛾与蝶的蛹。围蛹,家蝇的蛹。离蛹,鞘翅目的蛹。

五、实训成果

1.将解剖蝗虫的雌腹部末端贴于白纸上,并注明各部分名称。

2.绘出天牛、菜粉蝶幼虫头部前面观的图和菜粉蝶幼虫腹足端部趾钩的结构图。

任务考核评价:

昆虫外部形态及生物学特性考核评价表

学生姓名:　　　　班级:　　　　学号:

指导教师:　　　　填表日期:　　年　　月　　日

实训任务:

实训过程考核(70分)	赋分标准	分值	得分
专业技能	能够区别昆虫与其他节肢动物。	10	
	能正确说明昆虫的外部形态及附器结构、类型和危害状。	15	
	能准熟练使用体视显微镜。	10	
学习态度	能及时独立完成作业和实训报告。	10	
	能完成预习内容并查找相关资料。	5	

续表

实训过程考核（70分）	赋分标准	分值	得分
素质能力	爱护实训设施设备，遵守实训要求。	4	
	在实训任务过程中踏实肯干，态度端正，具有责任心。	4	
	认真研究实训内容，在完成实训任务的过程中积极主动，严肃认真。	4	
	在分组活动中能根据任务需要，团结协作，具有团队意识。	4	
	在实训中愉快接受任务并与他人愉快合作，善于沟通。	4	
实训成果考核（30分）	熟练使用体视显微镜。	10	
	正确说明昆虫的外部形态及附器结构、类型和危害状。	10	
	写出实训报告。	10	
总评		100	

任务二　农业常见昆虫识别

知识目标：掌握常见昆虫的8个目的特征。

能力目标：能正确识别常见8个目的昆虫，为生产实习与其他课程的学习奠定基础。

一、实训目标

通过对昆虫纲重要类群的观察，识别常见类群，为生产实习与其他课程的学习奠定基础。

二、实训准备

解剖镜，解剖针，镊子，镜头纸。各种直翅目、半翅目、同翅目、鞘翅目、双翅目、鳞翅目、膜翅目、蜻蜓目主要种类标本。

三、实训方式

课前以小组为单位到野外采集8个常见目的昆虫标本。学生对自己采集的昆虫标本用解剖镜进行观察，根据外部形态等特征进行初步分类，教师再以归纳方式总结出各目的目特征。学生对照文字描述的特征或教材及参考书中的图例，再行观察采集到的昆虫鉴定到所属科、种，并进一步完善各目主要特征。

四、实训实施

利用野外采集的昆虫及实验室标本，对照文字描述的特征和教材或参考书中的图，观察各科或总科的标本。

（一）不完全变态观察

1. 直翅目昆虫识别特点

中至大型，口器咀嚼式，丝状触角。复眼发达，通常具单眼3个。前翅狭长，为复翅，后翅膜质。后足跳跃足或前足开掘足。雌虫多具发达的产卵器，呈剑、刀或凿状。雄虫通常有发音器。植食性为主。渐变态。如蝗虫、蟋蟀、蝼蛄、螽斯、蚱（菱蝗）。

2. 同翅目昆虫识别特点

体微小至中大型。刺吸式口器。触角刚毛状或丝状。前翅革质或膜质，后翅膜质，静止时常平放于体背上呈屋脊状。许多种类有蜡腺，可分泌蜡被。不完全变态。两性生殖或孤雌生殖。全部为植食性。常见蝉、蜡蝉、叶蝉、角蝉、沫蝉、飞虱、蚧、木虱、粉虱、蚜虫。

3. 半翅目昆虫识别特点

半翅目通称椿象。体小至大型。体壁较坚硬，扁平呈椭圆形。刺吸式口器。触角3～5节。前胸背板大，中胸小盾片发达。前翅为半鞘翅，后翅膜质。身体腹面常有臭腺，能分泌恶臭物质。不完全变态。多为植食性害虫，少数（如猎蝽、花蝽等）为捕食性天敌。常见有蝽蝽、水黾、猎蝽、网蝽、划蝽、盲蝽、臭虫、缘蝽等种类。

常见不完全变态还有蜻蜓目、螳螂目等。

（二）完全变态观察

4. 鞘翅目昆虫识别特点

鞘翅目通称甲虫，是昆虫纲中最大的一目，约33万种。体微小至大型。体壁坚硬。口器咀嚼式。前翅骨化坚硬为鞘翅，后翅膜质。完全变态。幼虫多为寡足型或无足型,蛹多为裸蛹。植食性、捕食性或腐食性均有。鞘翅目常见昆虫有天牛、叶甲、龙虱、步甲、虎甲、金龟子、叩甲、象甲、瓢甲、拟步甲、隐翅虫、芫青等。

5. 双翅目昆虫识别特点

双翅目通称蚊、虻、蝇。微小至大型。口器刺吸式、刮吸式或舐吸式等。触角线状、具芒状、环毛状等。仅生1对前翅,膜质,后翅退化成平衡棒。幼虫为无足型,一般头小且内缩。围蛹(蝇)或被蛹(蚊)。完全变态。食性复杂,有植食性、腐食性、捕食性和寄生性等。常见有蚊科、虻科、大蚊科、蝇科、食虫虻科、食蚜蝇科。

6. 膜翅目昆虫识别特点

膜翅目包括蜂、蚁。微小至大型。口器咀嚼式或嚼吸式。触角有丝状、膝状等。两对膜质翅,前翅前缘常有翅痣,翅脉少。蜂类后足形成携粉足。后胸与腹部第1节连接常形成细腰。雌虫产卵器同时具有产卵与刺螯作用。完全变态。幼虫多足型、寡足型和无足型等。蛹为离蛹。具捕食性、寄生性或植食性多种类型。膜翅目常见有姬蜂科、胡蜂科、叶蜂科、蜜蜂科、泥蜂科、蚁科。

7. 鳞翅目昆虫识别特点

鳞翅目主要有蝶类和蛾类。体小至大型。口器虹吸式,像发条状卷曲。触角细长多节,为丝状、棒状及羽毛状。前后翅均为鳞翅。幼虫为多足型。咀嚼式口器。具有3对胸足,2~5对腹足,腹足端部常具趾钩。体壁上常有外长物。被蛹为主。完全变态。大多为植食性。成虫一般不为害植物,只食取花蜜或不食。鳞翅目包括夜蛾科、斑蛾科、螟蛾科、麦蛾科、凤蝶科、粉蝶科、弄蝶科、菜蛾科、枯叶蛾科、大蚕科、蚕蛾科、天蛾科等。

蝶类与蛾类的区别:蝶类触角锤状、球杆状,翅形宽大,腹部瘦长,前后翅贴合式连接,停栖时四翅竖直立于背上。成虫白天活动。蛾类触角丝状、羽毛状等,翅形大多狭小,腹部粗壮,前后翅常有连接器,如刺钩连接,停栖时四翅平展呈屋脊状,成虫晚上活动。

五、实训成果

1. 写出下列各目的主要区别:直翅目、半翅目、同翅目。

2. 列表比较下列各目主要特征:鞘翅目、双翅目、鳞翅目、膜翅目。

目名称	口器类型	触角类型	翅类型	足类型	其他

任务考核评价：

农业常见昆虫识别考核评价表

学生姓名： 班级： 学号：

指导教师： 填表日期： 年 月 日

实训任务：

实训过程考核（70分）	赋分标准	分值	得分
专业技能	能够掌握昆虫的主要类群。	10	
	能使用检索表并会鉴定昆虫到目。	15	
	对重要的农艺害虫能识别到种。	10	
学习态度	能及时独立完成作业和实训报告。	10	
	能完成预习内容并查找相关资料。	5	
素质能力	爱护实训设施设备，遵守实训要求。	4	
	在实训任务过程中踏实肯干，态度端正，具有责任心。	4	
	认真研究实训内容，在完成实训任务的过程中积极主动，严肃认真。	4	
	在分组活动中能根据任务需要，团结协作，具有团队意识。	4	
	在实训中愉快接受任务并与他人愉快合作，善于沟通。	4	
实训成果考核（30分）	能够掌握昆虫的主要类群。	10	
	对重要的农艺害虫能识别到种。	10	
	写出实训报告。	10	
总评		100	

任务三 植物病害的主要症状识别

知识目标：掌握农艺植物病害病征及病状特征和类型。

能力目标：能正确区分生产常见的农艺植物病害病征及病状类型。

一、实训目标

能正确分别农艺植物病害病征及病状类型。能识别农艺植物生产常见的病害类型。

二、实训准备

显微镜、滴管、扩大镜、载玻片、盖玻片、镊子、解剖针、解剖刀、剪枝剪等实验用具。

标本:灰斑病、立枯病、褐斑病、白粉病、锈病、黑斑病、烂皮病、缩叶病、丛枝病、早期落叶病、炭疽病、枯萎病、根癌病等。

三、实训方式

课前以小组为单位到野外采集病叶和病枝等标本。学生对自己采集的标本用扩大镜、显微镜进行观察,根据已有知识进行初步分类,教师再以归纳方式总结出农艺植物病害识别与诊断方法与要点。学生对照文字描述的特征或教材及参考书中的图例,再行观察采集到的病叶和病枝及实验室已备标本,进一步总结病征病状的特点,并把标本病害进行分析归类。

四、实训实施

常见农艺植物病害病征、病状识别。用肉眼或扩大镜、显微镜仔细观察标本的病征、病状,描述识别所采集标本和供试标本病害症状。

(一)病状

根据病害的表现,可把病状分为:变色、坏死、腐烂、萎蔫和畸形五类。

1. 变色

植物受害后,局部或全株失去正常的绿色,称为变色。主要识别叶片绿色是否浓淡不均,有无斑驳及斑驳的形状颜色等。

(1)黄化　植物绿色部分的叶绿素形成受抑制呈退绿或被破坏呈黄化。

(2)花叶　植物绿色部分局部的叶绿素受抑制或破坏,呈现黄绿相间。如仙客来花叶病、苹果花叶病。

(3)条纹　黄色部分呈条状。

(4)红叶　叶绿素形成受抑制,花青素形成过旺,叶片变成红色或紫色。如番茄蕨叶病等。

2. 坏死

植物的细胞和组织受到病原物的破坏而死亡，形成各式各样的病斑。由于病斑的颜色不同，有黑斑、褐斑、灰斑、白斑等，病斑的形状不一，有圆形、椭圆形、多角形、不规则形等。有时具有轮纹或花纹，有的病斑受叶脉限制而形成角斑。有的沿叶脉发展而形成的条纹或条斑。有的病斑周围有明显的边缘，有的边缘不明显。在根、茎、叶、叶柄、果和穗等部位都可以发生坏死性病斑。观察葡萄霜霉病、月季黑斑病、菊花褐斑病等标本，识别病斑的大小、病斑颜色等。

3. 腐烂

植物组织细胞受到病原物的破坏和分解而发生腐烂。如根腐、茎基腐、块茎和块根腐烂等。

(1)软腐和干腐　含水分较多的柔软组织，有的细胞间的中胶层被病原物所分泌的酶所分解，导致细胞分离、组织崩溃，造成软腐或湿病。组织腐烂后，水分散失而干硬收缩、成为干腐。观察百合软腐病等标本，识别各腐烂病有何特征，是干腐还是湿腐。

(2)立枯及猝倒　幼苗的根或茎基腐烂，幼苗直立枯死而不倒伏，称为立枯；幼苗迅速整株倒伏称为猝倒。观察苗木立枯病和猝倒病，观察茎基病部的病斑颜色，有无腐烂，有无缢缩。

4. 萎蔫

植株的根或茎部的维管束受病原物的侵害，大量菌体堵塞导管或产生毒素，阻碍或影响水分运输，使枝叶失去膨胀状态而下垂，叶片枯黄、凋萎，以致植株死亡。观察合欢枯萎病，植株枯萎的特点，是否保持绿色，茎秆维管束颜色和健康植株有何区别。

5. 畸形

植物受害后，发生增生性或抑制性的病变，造成不正常的形态结构的状态。

(1)肿瘤　植物受害后，组织细胞增生，生长发育过度，病部膨大而形成肿瘤。

(2)丛枝和发根　枝或根过度分枝，产生丛枝或发根现象。

(3)矮缩、皱缩　植物受病后，发生抑制性病变，生长发育不良，使植株或器官萎缩、皱缩。

(4)畸形、卷叶、线叶和叶变　病部组织发育不均匀，呈现扭曲畸形、卷叶。叶片畸形变成细线状，称为线叶；有的器官转化为叶状，称为叶变。观察杜鹃叶肿病、碧桃缩叶病、毛毡病、果树根癌病等标本，分辨与健株有何不同，哪些是瘤肿、丛枝、叶片畸形等病状。

(二)病征

病原物的营养体或繁殖体在植物病部上的宏观结构，称为病征，主要有下列几类：

1. 霉状物

真菌的繁殖体或营养体在植株病部上表现为明显的霉层，因颜色不同有绿霉(柑橘青绿霉病)、黑霉(甘薯软腐病)、灰霉(稻瘟病)、赤霉(小麦赤霉病、水稻徒长病)等，有些呈白色或灰色如霜状则称为霜霉(霜霉病)。识别林木煤污病、黄瓜霜霉病(或葡萄霜霉病)、柑橘青霉病等标本，识别病部霉层的颜色。

2. 粉状物

真菌的繁殖体在病部上表现各种粉状结构。

(1)白粉状物　在病部上呈白粉状。主要危害叶片、叶柄、嫩茎、芽及花瓣等幼嫩部位。在叶的表面及背面由菌丝体和粉孢子形成白色粉末状物，后期粉斑上长出黑色小点，病斑变成灰色。苗木受害后，叶片卷曲、嫩梢弯曲，造成苗木畸形。

(2)黑粉状物　在病部上呈黑色粉状，如黑穗病。

(3)锈色粉状物　自病部表皮下泡状病斑破裂后，散出鲜黄色或深褐色粉末，状如铁锈，如锈病。观察月季白粉病、牵牛花白锈病、贴梗海棠锈病等标本，识别病部有无粉状物及颜色。

3. 小黑粒或小黑点

病原真菌的繁殖体在植物病部产生表面较粗糙的黑色小点(分生孢子盘)，如炭疽病；或产生表面较光滑的黑色粒状结构(分生孢子器、子囊壳)，称为小黑粒，如黄麻立枯病、小麦白粉病、小麦赤霉病等。观察兰花炭疽病、腐烂病、白粉病等标本，分辨病部黑色小点、小颗粒。

4. 菌核

病原真菌的营养体在植物受病部位的表面或组织内形成形状及大小不一的团粒结构，如水稻纹枯病、菌核杆腐病等。观察矢车菊、桂竹香菌核病等标本，识别菌核的大小、颜色、形状等。

5. 菌脓状物或胶状物

病原细菌在病部常涌出黄色或污白色的脓状或黏胶状溢滴，或用手挤压病部常见污白色混浊液，如水稻白叶枯病、花生青枯病等。观察君子兰软腐病等标本，有无脓状黏液或黄褐色胶粒。

五、实训注意事项

1. 症状及为害情况，常因病原和寄主的种类及不同的发病部位、不同的生育期及环境条件的不同而有差异。

2. 细心观察和比较健株与受害后的异常表现，比较各种类型症状的差异及特点。

六、实训成果

制作病害名录一份，记录所采集的每种病害的病状与病征。

任务考核评价：

农艺植物病害症状识别考核评价表

学生姓名： 班级： 学号：

指导教师： 填表日期： 年 月 日

实训任务：

实训过程考核（70分）	赋分标准	分值	得分
专业技能	熟知病害的基本概念。	10	
	掌握真菌的基本知识和主要类群特征。	15	
	能正确区分非侵染性病害和侵染性病害。	10	
学习态度	能及时独立完成作业和实训报告。	10	
	能完成预习内容并查找相关资料。	5	
素质能力	爱护实训设施设备，遵守实训要求。	4	
	在实训任务过程中踏实肯干，态度端正，具有责任心。	4	
	认真研究实训内容，在完成实训任务的过程中积极主动，严肃认真。	4	
	在分组活动中能根据任务需要，团结协作，具有团队意识。	4	
	在实训中愉快接受任务并与他人愉快合作，善于沟通。	4	
实训成果考核（30分）	能鉴别五大类植物病原及主要类群。	10	
	能依据病害症状特征，识别主要农艺植物病害。	10	
	写出实训报告。	10	
总评		100	

任务四　常用农药的剂型识别及鉴别

知识目标:掌握农药常见剂型的特性和简易鉴别方法。
能力目标:能正确识别农药常见剂型,会使用简易方法鉴别农药。

一、实训目标

观察常见农药的物理性状,掌握农药常见剂型的特性和简易鉴别方法。

二、实训准备

大烧杯、恒温水浴锅、移液管,常见农药,如杀虫剂、杀菌剂、杀螨剂,抗生素,植物生长调节剂,除草剂等。

三、实训方式

乳油分散情况的观察、常见农药性状观察。本实训主要安排在实验室进行。

四、实训实施

(一)乳油分散情况的观察

把装有500 mL标准硬水(Ca含量342 mg/kg)的大烧杯置于25℃的恒温水浴锅中,待温度平衡后用移液管吸取乳油1 mL离液面1 cm处自由滴下,观察分散性。乳油滴入水中能迅速地自动分散成乳白色透明溶液则扩散完全;如呈白色微小油滴下沉或大粒油珠迅速下沉,搅动后虽呈乳浊液但很快有析出油状物并沉淀,则扩散不完全。

(二)常见农药性状观察

观察农药的物理状态、颜色、气味、有无沉淀及在水中反应分散情况。

(三)农药示例

1. 氧化乐果

属高毒、高效、广谱性有机磷杀虫、杀螨剂。对鱼类、蜜蜂有接触及熏蒸毒性,对天敌有杀伤作用。剂型为50%、40%氧化乐果乳油,2%、1.5%粉剂。药剂特点是对害虫击倒速度快,具有较强的内吸、触杀和一定的胃毒作用。适用于棉花、蔬菜、果树及其他作物。防治多种蚜虫、盲椿象、叶跳甲、蓟马、红蜘蛛等刺吸式口器害虫及潜叶蝇、水稻螟虫等潜藏性害虫。

施用方法主要有喷雾、灌根、配制毒饵、混配喷雾等措施，具体如下：

(1)用40%乐果乳油1 000～1 500倍液喷雾，防治桃蚜、桃赤蚜、甘蓝蚜、柳二尾蚜、茄无网蚜、萝卜蚜、胡萝卜微管蚜、豌豆潜叶蝇、茄子红蜘蛛、葱蓟马等。

(2)用50%乐果乳油1 000倍液喷雾，防治烟蓟马、温室白粉虱等，也可防治根蛆(即灰地种蝇、葱地种蝇、萝卜地种蝇、毛尾地种蝇等的幼虫)。

(3)用75%乐果乳油1 000倍液喷雾，防治瓜蓟马、黄蓟马等。

(4)用40%乐果乳油1 000倍液，防治各类金龟子幼虫(蛴螬)、金针虫等。

(5)用40%乐果乳油10倍液，把5 kg秕谷、麦麸、棉籽饼等物用小火炒香拌潮，制成毒饵。每公顷用毒饵35～38 kg，在无风闷热的傍晚撒入菜田，诱杀保护地蝼蛄、小地老虎等地下害虫。

(6)用50%乐果乳油800倍液，加入20%氰戊菊酯乳油5 000倍液，防治小菜蛾幼虫。

2.氧化乐果使用注意事项

(1)本品使用前药液要摇振均匀，出现结晶需全部溶解后使用，以免产生药害。稀释时，先用100倍水搅拌成乳液，然后再按需要浓度补足水量。

(2)对啤酒花、菊科植物、高粱有些品种及枣树、烟草、杏、桃、梅树、无花果、橄榄、柑橘等作物，稀释倍数在1 200倍以下易产生药害，使用时应先做药害试验，再确定使用浓度。

(3)我国已在高粱、小麦、白菜、萝卜、菜豆、黄瓜、青菜、苹果、柑橘、茶叶和烟草等作物制定了40%氧化乐果乳油安全使用标准(国家标准GB 4285—84)。在推荐剂量下，各种作物上的最多允许使用次数如下：高粱3次，小麦3次，茶叶1次，苹果2次，柑橘3次，白菜4次，菜豆5次，萝卜6次，青菜6次，烟草5次。

(4)安全使用间隔期分别为：萝卜、柑橘15 d，小麦、高粱、白菜10 d，苹果、茶叶、青菜7 d，菜豆、烟草5 d，黄瓜2 d。

(5)本品呈酸性，不可与碱性药剂混用。其水溶液易分解，应随配随用。

(6)本品对牛、羊、家禽高毒，施过药的田地在7～10 d不可放牧。

(7)本品易燃，严禁火种。

五、实训注意事项

1.注意实训的纪律，实习过程中要做好笔记。

2.注意不要把鼻子对准农药瓶口。

六、实训成果

列表记载所观察农药的物理状态、颜色、气味和在水中反应。

农药名称	用途分类	剂 型	防治对象	注意事项

任务考核评价：

常用农药的剂型识别及鉴别考核评价表

学生姓名：　　　　班级：　　　　学号：

指导教师：　　　　填表日期：　　年　　月　　日

实训任务：

实训过程考核（70分）	赋分标准	分值	得分
专业技能	能够对农药进行正确的分类。	10	
	能够正确识别农药剂型和使用方法。	15	
	掌握农药的常用鉴别方法。	10	
学习态度	能及时独立完成作业和实训报告。	10	
	能完成预习内容并查找相关资料。	5	
素质能力	爱护实训设施设备，遵守实训要求。	4	
	在实训任务过程中踏实肯干，态度端正，具有责任心。	4	
	认真研究实训内容，在完成实训任务的过程中积极主动，严肃认真。	4	
	在分组活动中能根据任务需要，团结协作，具有团队意识。	4	
	在实训中愉快接受任务并与他人愉快合作，善于沟通。	4	
实训成果考核（30分）	对农药进行正确的分类。	10	
	识别农药剂型和使用方法。	10	
	写出实训报告。	10	
总评		100	

任务五 农药的配制与质量检验

知识目标:掌握农药的稀释、计算方法。

能力目标:能正确配制和使用农药。

一、实训目标

掌握农药的稀释、计算、配制和使用方法。

二、实训准备

用品:量筒、塑料桶、木棒、烧杯、玻璃棒、试管、试管架、粗天平、试管刷、铁锅、波美比重计、电炉、纱布等用具。手动喷雾器及手套、口罩、塑料盆、刷子等用具。

材料:供试的50%乐果乳油1瓶,25%百菌清可湿性粉剂1袋。生石灰、硫酸铜、硫黄粉、水、石硫合剂原液等。

三、实训方式

采用教、学、做同步教学,课前预习课后总结等学习方式。本实训主要安排在实验室进行。

四、实训实施

(一)波尔多液的配置与质量检验

波尔多液作为一种杀菌剂,因其具有价格低、效果持续稳定、病原菌不产生抗性等特点,自发明以来一直是果园的常用农药。

波尔多液的有效配置是硫酸铜.生石灰和水。按"硫酸铜1份,生石灰 0.5~5份,水160~240份"的比例配制而成。量式是指生石灰量与硫酸铜的比例,分为半量式、等量式及多量式。量式与树种对石灰的敏感度有关,一般苹果上用倍量或多量式,葡萄上用半量式,大多数树种用等量式;倍数是指水与硫酸铜的比例:160倍、200倍及240倍。

1.配制方法

按用水量一半溶化硫酸铜,另一半溶化生石灰,待完全溶化后,再将两者同时缓慢倒入备用的容器中搅拌；也可用10%～20%的水溶化生石灰，80%～90%的水溶化硫酸铜，充分溶化后将硫酸铜溶液缓慢倒入石灰乳中，边倒边搅拌使两液混合均匀。后者配成的波尔多液质量好，胶体性能强，不易沉淀。

注意：不可将石灰乳倒入硫酸铜溶液中，否则易发生沉淀，影响药效。

2. 质量检验

药液配好以后，用以下方法鉴别质量。

(1)物态观察。观察比较不同方法配制的波尔多液，颜色质地是否相同。天蓝色胶乳状液的波尔多液为质量优良。

(2)铁丝反应。用磨亮的铁丝插入波尔多液片刻，不产生镀铜现象为好。

(3)石蕊试纸反应。用石蕊试纸测定其碱性，以红色试纸慢慢变为蓝色(即碱性反应)为好。

(4)滤液吹气。将波尔多液过滤后，取其滤液少许置于载玻片上，对液面轻吹约1 min，液面产生薄膜为好。

(5)将制成的波尔多液分别同时倒入200 mL的量筒中静置60 min，按时记载沉淀情况，沉淀越慢越好，过快者不可采用。

3. 注意事项

(1)配制用的生石灰必须要质量好。不能用风化的石灰。

(2)硫酸铜在冷水中溶解缓慢，可先用少量热水使硫酸铜完全溶解后再按配量将水加足。

(3)不能用金属容器盛放波尔多液。喷雾器用后要及时清洗，以免腐蚀而损坏。

(4)桃、李、梅、杏等核果类果树在萌芽前可用波尔多液，在生长期禁用波尔多液。否则容易产生药害、造成落叶。

(5)波尔多液不能与其他农药混合使用。

(6)波尔多液需随配随用，不可放置时间太长，24 h后会发生质变，不宜使用。

(二)石硫合剂的配置与质量检验

1. 石硫合剂的配制

石硫合剂是一种无机杀菌剂，其成分为“多硫化钙”。配制方法是用1 kg生石灰、2 kg硫黄粉、20 kg水的比例熬制成的。用开水把硫黄调成糊状缓缓倒入锅中，再加石灰块不断地搅拌，用猛火烧0.5～1 h。待药液从黄色变成褐色(即酱油颜色)时停火，起锅用棕片、麻布片或纱布过滤，冷却后测量波美浓度。熬制时间不宜过长，否则变成绿褐色降低药效。

2.注意事项

(1)石硫合剂贮藏时须封闭，在药液表面可加少量煤油或柴油隔绝空气，防止氧化。

(2)石硫合剂不宜与其他农药混合使用。

石硫合剂原液稀释或使用的浓度加水倍数、可按下列公式换算：

每千克原液加水千克数＝原液波美度数/使用液波美度数－1

例如：要使20波美度的原液稀释成0.5波美度的药液、每千克原液应兑水千克数＝20/0.5－1＝39。

3.石硫合剂成品质量检验

优质的石硫合剂是透明的、底部有少量黄绿色残渣的琥珀色溶液。测定原液有效成分含量的方法是将冷却的原液倒入量筒中测定。药液有效成分含量大小，一般用波美度(°Bé)表示。用比重计测定时，将波美比重计放入盛有石硫合剂澄清液的量筒中，比重计上刻有波美比重数值，液面水平的计数即药液波美度，一般熬制的原液可达26～28波美度。

(三)白涂剂的配制

白涂剂是用石灰浆掺上其他原料，刷到树干上以保护果树枝干，防止日灼和冻害，并有一定的杀虫、杀菌作用。配制方法：生石灰10 kg，硫黄1 kg，食盐0.2 kg，动物油0.2 kg，水40 kg(调成糊状为准)。把生石灰放入桶内加少量水化解，再加入硫黄搅匀，食盐加热水溶解后倒入桶内，最后加入动物油和其余水量，用树棒充分搅拌即成白涂剂。

(四)农药配制案例

为防治蚜虫为害，采用40%氧乐果乳油1 500倍进行喷雾，配制药箱容量为15 L的1箱药液。操作程序如下：

(1)了解氧乐果特点。此药具有内吸、触杀和一定胃毒作用。击倒力快，高效、广谱、具有杀虫、杀螨等特点。具有强烈的触杀作用和内渗作用，是较理想的根、茎内吸传导性杀螨、杀虫剂，特别适于防治刺吸性害虫。不易产生抗性，可降低易产生抗性的拟除虫菊酯的抗性。

氧乐果对抗性蚜虫有很强的毒效，对飞虱、叶蝉、介壳虫及其他刺吸式口器害虫具有较好防效。在低温下仍能保持杀虫活性，适于防治越冬的蚜虫、螨类、木虱和蚧类等。

(2)药液的稀释 1 500 倍，计算 15 L 药液中药剂和水的用量。

(3)往药箱中加入 80%的水，用量筒量取药剂倒入药箱搅匀。

(4)用剩余 20%的水冲洗量筒 2～3 次，并将冲洗水和剩余的水全部倒入药箱中搅匀。

五、实训注意事项

1. 注意实训的纪律，实习过程中要做好笔记。

2. 注意领会经济、有效、安全的原则。

六、实训成果

1. 名词解释：百分浓度，ppm，稀释倍数。

2. 配制 1∶2∶160 倍波尔多液，试述其正确的配制方法。

3. 计算题

(1)配制 250 ppm 多菌灵 100 kg，需要 50%多菌灵可湿性粉剂多少克？

(2)有 80%敌敌畏乳油 0.5 kg，要配成 0.04%需加水多少千克？

(3)用 90%晶体敌百虫防治棉花害虫，每亩用药 75 g，加水 90 kg 喷雾，求稀释倍数。

(4)用含 5 万单位的井冈霉素水剂，加水稀释成 50 单位的浓度使用，求稀释倍数。

(5)用松脂合剂 5 kg，加水稀释 20 倍使用，问共需加水多少千克？

(6)配制 1 000 倍的氧化乐果药液及 50 倍的敌敌畏药液，问各需加水多少份？

(7)配制 800 倍的多菌灵溶液 500 mL，问需用多菌灵可湿性粉剂多少克？

(8)配制 5%的多菌灵溶液 200 mL，问需用 50%多菌灵可湿性粉剂多少克？

(9)配制乐果 1 000 倍药液 200 mL 需要多少农药？

(10)配制乐果 1 500 倍和托布津 800 倍混合液 5 000 mL，防治蚜虫和白粉病，需 40%乐果和 75%托布津各多少？

附：农药浓度的表示法与换算及农药配制时的计算

(一)农药浓度的表示法与换算

(1)百分浓度(%) 指100份药液中含有效成分的份数，包括重量百分浓度和容量百分浓度。

(2)百万分浓度(ppm) 指100万份药液中含有效成分的份数。

(3)倍数法 稀释剂用量与原药剂用量之比。

(4)波美度(°Bé) 用波美比重计直接测得的溶液度数。

ppm = 百分浓度×10 000

百分浓度(%) = 原药剂浓度(%) × 100/ 稀释倍数

例：20%叶蝉散乳油稀释800倍后，其百分浓度和百万分浓度分别为多少？

百分浓度=20%×100/800=0.025%

百万分浓度=0.025×10 000=250 ppm

(二)农药配制时的计算示例

1. 求原药剂用量

原药剂用量=所配药剂重量×所配药剂浓度/原药浓度

例：配制250 ppm多菌灵100 kg，需要50%多菌灵可湿性粉剂多少克？

X= 100 000 ×250/500 000=50(g)

2. 求稀释剂用量

稀释剂用量=(原药剂浓度－所配药剂浓度)×原药重量/所配药剂浓度

例：有80%敌敌畏乳油0.5 kg，要配成0.04%需加水多少千克？

X=(80%－0.04%)×0.5/0.04%=999.5(kg)

3. 求稀释倍数

注意：稀释100倍以下的农药，计算稀释量时要扣除原药剂的1份，而100倍以上时则可以忽略不计。如稀释50倍，原药剂1份加水49份；如稀释1 000倍，原药剂1份加水1 000份。用含5万单位的井冈霉素水剂，加水稀释成50单位的浓度使用，求稀释倍数？不考虑原药质量。用松脂合剂5 kg，加水稀释20倍使用，问共需加水多少？需考虑原药质量。

任务考核评价：

农药的配制与质量检查考核评价表

学生姓名：　　　　　　　　　班级：　　　　　　　　　　学号：

指导教师：　　　　　　　　　填表日期：　　　　　年　　月　　日

实训任务：

实训过程考核（70分）	赋分标准	分值	得分
专业技能	对常用农药能进行质量检测。	10	
	能对常用农药进行配制。	15	
	对常用农药能进行正确的防治操作。	10	
学习态度	能及时独立完成作业和实训报告。	10	
	能完成预习内容并查找相关资料。	5	
素质能力	爱护实训设施设备，遵守实训要求。	4	
	在实训任务过程中踏实肯干，态度端正，具有责任心。	4	
	认真研究实训内容，在完成实训任务的过程中积极主动，严肃认真。	4	
	在分组活动中能根据任务需要，团结协作，具有团队意识。	4	
	在实训中愉快接受任务并与他人愉快合作，善于沟通。	4	
实训成果考核（30分）	对常用农药能进行质量检测。	10	
	能对常用农药进行配制。	10	
	写出实训报告。	10	
总评		100	

任务六　常见农田杂草种类和防除

知识目标：掌握本地常见农田杂草的种类、杂草防除的基本方法和注意事项，理解除草剂的除草原理和使用方法。

能力目标：能识别本地常见农田杂草，会正确应用杂草防除的基本方法。

一、实训目标

能识别本地常见农田杂草、了解杂草防除的基本方法和注意事项。理解除草剂的除草原理和使用方法。

二、实训准备

杂草新鲜标本、盒装标本及图片,各种除草剂及防除器具。

三、实训方式

室外、室内的杂草标本的识别。防除器具的使用。

四、实训实施

(一)农田杂草的识别及野外采集规律

1.常见农田杂草的种类识别

全世界广泛分布的杂草有5万多种,我国农田杂草共有570多种,其中恶性杂草16种,主要杂草30多种,区域性杂草22种。以生产的实际情况杂草分为:禾本科杂草、双子叶或阔叶杂草、莎草科杂草等。

其中分布面广、危害严重的主要有稗草、看麦娘、马唐、扁秆藨草、牛繁缕、野燕麦、苋、藜、眼子菜、鸭跖草、萹蓄、龙葵、铁苋菜、风花菜、苍耳、问荆、水棘针、苣荬菜、苦菜、刺菜、大蓟、芦苇、节蓼、酸模叶蓼、本氏蓼等。

野外采集上述或当地常见杂草,结合实验室杂草标本,利用图片、多媒体课件、挂图等进行识别。

在识别杂草的过程中,掌握农田杂草的危害:与作物争水、争肥、争光、争空间,阻碍作物生长。增加病虫害传播及生产费用,影响水利设施,妨碍农事操作等。

2.农田杂草的野外采集规律

(1)春型　我国东北春季发生型杂草,第一批在4月上旬或中旬。地温(地下5 cm深)0.5～6℃时,土壤表层解冻。这时春季发生型杂草萌芽出土,如问荆、大蓟、皱叶酸模、荠菜、蒲公英、蒿属等。春季发生型的第二批一年生杂草在4月末至5月上旬,地温5～10℃时,如萹蓄、酸模叶蓼、荞麦蔓、藜、本氏蓼、节蓼、野燕麦、猪毛菜、苣荬菜等大量出土。

(2)夏型　一般在5至6月中旬,第三批杂草开始出土。地温在10～16℃时,晚春杂草如狗尾草、稗、金狗尾草、鸭跖草、龙葵大豆菟丝子、苍耳、野黍、苋菜、马齿苋及多年生的大蓟、芦苇、刺菜等出土。往往第二、三批杂草形成田间第一个杂草高峰。第四批杂草在6—7月，地温在16～20℃时，喜温杂草马唐、香薷、猪毛菜、苋菜、水棘针、铁苋菜、狼把草等出土，形成农田的第二个杂草高峰。

(3)秋型　7至8月末，春、夏季发生型杂草已开花、结实。一些秋季发生型杂草如早熟禾等开始发生。

(二)除草剂的识别

农田杂草的综合防治措施有农业防除措施，包括轮作，选种，施用腐熟的有机肥料，清除田边、沟边、路边杂草，合理密植，淹水灭草等。机械防除措施，包括深翻、耙茬、苗前耙地和苗期中耕灭草。生物防除，如用鲁保一号防治菟丝子等是农田杂草综合治理中的一项措施。

化学除草目前广泛应用，因其有以下特点：灭草及时、效果好、见效快，有利于增产和节省劳动力。但化学防治也存在一些问题，主要有农田杂草种群演替频率加快进而加大化学除草的难度；除草剂药害、毒性与污染严重；农田杂草抗药性上升迅速；对后茬作物产生产年影响；土壤微生物区系发生改变。

1. 除草剂商品名称

我国除草剂的商品名称一般表示方式为先写有效成分百分含量(百分率，液体表示容量百分比，用“V/V”表示，或重量百分比，用“W/W”表示；固体表示重量百分比)，再写除草剂名称，最后为加工剂型名称，例如90%禾耐斯乳油、50%速收可湿性粉剂。

2. 除草剂的识别

常用有机除草剂按化学结构分类：

(1)酰胺类　敌稗、丁草胺、拉索、新燕灵、都尔、毒草胺、杀草胺。

(2)苯甲酸类　豆科威、百草敌。

(3)苯氧基类　2,4-D丁酯、二甲四氯，禾草灵、稳杀得、盖草能。

(4)磺酰脲类　农得时、阔叶散。

(5)取代脲类　敌草隆、伏草隆、莎扑隆、绿麦隆、利谷隆。

(6)均三氮苯类　西玛津、阿特拉津、草净津、西草净、扑草净。

(7)二苯醚类　虎威、杂草焚、除草醚、茅毒。

(8)二硝基苯胺类　地乐胺、氟乐灵。

(9)脂肪酸类　茅草枯。

(10)有机杂环类　恶草灵、广灭灵、百草枯、苯达松、杀草敏。

(11)有机磷类　草甘膦。

(12)氨基甲酸酯类　禾大壮、环草特、杀草丹、灭草猛、燕麦畏、一雷定、莠丹、燕麦灵。

(13)其他除草剂 伴地农、稗草烯、拿捕净、野燕枯。

(14)混合制剂 克莠灵、丁苄、农力、安威、沙阔丹、都阿混剂、豆草能。

(三)农作物除草剂应用示例

1. 大豆田应用除草剂防除杂草示例

(1)土壤处理 90%禾耐斯+50%速收。禾耐斯被植物幼芽吸收后,可上传导进入植物体内使幼芽和幼根停止生长。田间水分适宜时,幼芽未出土即被杀死;当土壤水分少时,杂草出土后吸收药剂起作用。主要防除禾本科杂草。喷液量应在 200 L/hm^2 以上。速收可被植物幼芽和叶片吸收,为触杀型除草剂。该药剂主要用于防除阔叶杂草,喷液量应在 200 L/hm^2 以上。

具体用药量及使用方法:播后苗前使用,90%禾耐斯 1.3～1.55 L 加 50%速收 130～160 g/hm^2;有机质含量 6%以上时,90%禾耐斯 1.6～2.5 L 加 50%速收 160～190 g/hm^2。施药后需浅混土或培土 2 cm。

防除杂草:金狗尾草、狗尾草、稗草、野燕麦、马唐、香薷、鸭跖草、酸模叶蓼、苍耳、反枝苋、柳叶刺蓼、龙葵、藜、苘麻、狼把草。

(2)茎叶处理 12.5%拿捕净(稀禾定)。拿捕净能被禾本科杂草茎叶吸收,受药植株 2 d 后停止生长、6 d 后新叶褐色或出现花青色、15～20 d 全株枯死。防治对象为稗草、狗尾草、马唐、野燕麦、金狗尾草等。

(3)大豆不同生育期适用除草剂

种子发芽期:普乐宝、乐丰宝、广灭灵、异丙草胺、速收、禾耐斯、宝收、2,4-D 丁酯、都尔、金都尔。

拱土期:宝收、广灭灵、都尔、金都尔、普施特。

子叶期:普施特、排草丹、广灭灵。

1～3 片真叶期:喷特、广灭灵、拿捕净、虎威、精稳杀得、威霸、高效盖草能、精禾草克。

2. 水田杂草防除(96%禾大壮)

禾大壮在水田中主要用于防治稗草,具内吸传导性,应用于土壤和茎叶处理。

禾大壮在低温水层过深弱苗等不良条件下,对直播田移栽田均安全,并能促进水稻生育和分蘖,实现早熟高产。禾大壮在水稻移栽后 7～15 d,直播田稗草 3 叶期以前单用或混用其他除草剂是水稻田一次性除草的最佳方案。防治 3 叶期以前的稗草,96%禾大壮乳油用 2.5～3.0 L/hm^2,3～4 叶期稗草用 3.5～4.0 L/hm^2。

在移栽田防治稗草、异型莎草、牛毛毡、萤蔺、慈姑、雨久花、眼子菜等主要杂草、可采用下列配方(hm^2):

96%禾大壮 2.5~2.5 L 加 20%莎多伏 140 g,防治稗草、异型莎草、牛毛毡、雨久花、萤蔺、眼子菜。

96%禾大壮 2.5~3.0 L 加 10%金秋 200~250 g 用于防治稗草、慈姑、泽泻、小茨藻、水绵、狼把草、牛毛毡、雨久花、水莎草、异型莎草等。

上述混用法可采用喷雾或毒土施药。喷雾法喷液量 300~600 L/hm^2,毒土 80 kg/hm^2 以上。施药后水层稳定在 3~5 cm,保水 6~8 d。

在水稻立针期及稗草 3 叶期前,对于水直播田,可采用 96%禾大壮与金秋、农得时、莎多伏、草克星、太阳星等除草剂混用。多年生莎草科杂草发生严重的地块,可间隔 10~20 d 再单用一次威农、莎多伏、草克星、金秋、太阳星等除草剂。

五、实训成果

1. 列表说明杂草的种类及危害。
2. 试编制一大豆田的化学防除杂草方案。

任务考核评价:

常见农田杂草种类和防除考核评价表

学生姓名:　　　　班级:　　　　学号:

指导教师:　　　　填表日期:　　　　年　　月　　日

实训任务:

实训过程考核(70 分)	赋分标准	分值	得分
专业技能	能识别常见农艺植物杂草种类。	10	
	了解常见农田杂草的生活习性。	10	
	会正确使用除草剂。	15	
学习态度	能及时独立完成作业和实训报告。	10	
	能完成预习内容并查找相关资料。	5	

续表

实训过程考核（70分）	赋分标准	分值	得分
素质能力	爱护实训设施设备，遵守实训要求。	4	
	在实训任务过程中踏实肯干，态度端正，具有责任心。	4	
	认真研究实训内容，在完成实训任务的过程中积极主动，严肃认真。	4	
	在分组活动中能根据任务需要，团结协作，具有团队意识。	4	
	在实训中愉快接受任务并与他人愉快合作，善于沟通。	4	
实训成果考核（30分）	能识别常见农艺植物杂草种类。	10	
	会正确使用除草剂。	10	
	写出实训报告。	10	
总评		100	

任务七　常用农药器械的使用及保养

知识目标：掌握手动背负式喷雾器、背负式机动弥雾喷粉机的结构。

能力目标：能正确对手动背负式喷雾器、背负式机动弥雾喷粉机进行使用和保养。

一、实训目标

通过训练使学生掌握手动背负式喷雾器、背负式机动弥雾喷粉机的结构，能正确对其进行使用和保养。

二、实训准备

器具：工农-16型背负式喷雾器、3MF-26型背负式弥雾喷粉机及其机械维护工具等。

材料：90号汽油、油剂、杀虫乳剂等。

三、实训方式

学生课前对手动背负式喷雾器、背负式机动弥雾喷粉机的结构与工作原理进行了解，上课时教师进行示范、学生进行模仿，经多次训练后学生能熟练掌握器具的使用及保养，达到实训目的。

四、实训实施

(一)工农-16 型背负手动喷雾器的结构、使用与维护

1. 结构特点(图 4-1)

背负手摇式喷雾器主要由药液箱、液泵、空气室、喷头等部件组成。药液箱体积 16 L，大多由聚氯乙烯塑料制成。药液箱不密封不受压，利用杠杆手摇作业省力方便，液泵工作时的压力高达 4～7.8 kg/cm^2；工农-16 喷雾器采用皮碗活塞式液泵，由泵筒、塞杆、皮碗、进液阀和出液阀等部件组成。液体脉冲加压泵对药液加压，具有体积小、密封性能好、药液排量大等优点；空气室是贮存空气的密闭耐压容器，利用倒装空气室作脉冲药液稳压能充分保持喷头连续喷射作业，可边加压边喷射，适合对幼龄与中小龄果树及低矮农作物施加喷药；工农-16 型喷雾器配有侧向进液式和涡流片式圆锥雾式喷头，雾滴直径在 50～250 μm。

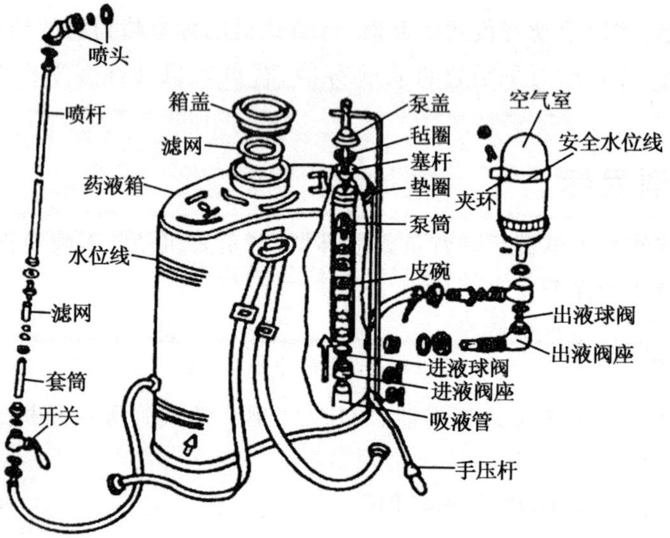

图 4-1 工农-16 型喷雾器

2. 技术要点

(1)液体加压泵的排量大、空气室的体积小，手摇 6～10 次时压力可达 5～7 kg/cm^2。当手摇感到阻力较大时，应放慢手摇速度以减少压力对橡胶环的磨损。

(2)液泵加压件是双向密封橡胶环，其密封性好与泵体接触面积大从而阻力加大。液泵加压手摇把支点设在药液箱上，每次使用时最好涂上一层肥皂以减少摩擦阻力带来药液箱摇动。

(3)由于空气室体积小，储存能量少，压力调节范围不宽。最好选用切向离心式喷头。为提高工作效率可选用双喷头进行作业，但不能用冲击式型喷头，以保证药液的雾化质量。

3. 故障排除

(1)当药液泵不能加压时主要是进液阀和出液阀单向玻璃球阀中有杂物，清洗即可。

(2)当药液泵加压时，药液压力偏低喷头的雾化质量较差，是由于双向橡胶密封环磨损造成，应换新的密封环。

(二)背负式机动弥雾喷粉机的结构、使用与维护

1. 机动喷雾器的主要部件识别

主要由机架、离心式水泵及管道、汽油发动机、油箱、药箱、喷管六个部分组成，而药箱、喷管等为易损部件。弥雾作业时的药箱装置由药箱、箱盖、箱盖胶圈、进气软管、进气塞、进气胶圈及粉门等组成。喷粉时将过滤网连同进气塞取下换上吹粉管即可进行喷粉作业。喷射部件包括弯管、软管、直管、喷头、输液管和输粉管等。当进行喷粉作业时，将输液管和喷头去掉换装输粉管。风机用铁皮制成，包括风机壳和叶轮。具有风量大风压高、吹扬药粉均匀的特点。

2. 机动喷雾器使用前操作

(1)燃油使用。必须使用 2 冲程专用机油与汽油，混合比例为 1∶(25～30)的混合油。

(2)使用前的准备工作。按照喷雾器使用说明书正确安装喷雾器，作业前对喷雾器各部位进行检查(各部位是否紧固)。按要求把混合燃油注入油箱，轻拉启动手柄 2～3 次，检查发动机转动是否正常。药箱加药前应先用清水试喷 1 次，以检查有无漏液和喷雾器作业是否正常，然后加药作业。

3.机动喷雾器的使用

排除燃油油路中的空气。关闭阻风门后拉动启动手柄启动发动机,发动机启动后打开阻风门。发动机启动后运转 2～3 min 再开始作业。喷雾压力根据情况调整油门位置,应避免压力过大造成软管和喷头破裂。停机时,发动机低速运转 2～3 min 后熄火停机。

4.安全作业

(1)喷药作业时,一定要穿防护服和深筒的鞋子,戴口罩与手套。

(2)喷药作业时应顺风作业,不可逆风作业。作业行走速度应以亩施用药物剂量为准。

(3)必须在发动机熄火状态下给喷雾器加注燃油,加注燃油时严禁烟火。

5.喷雾器不能启动或启动困难的常见故障原因及排除方法

(1)燃油及油路问题。油箱无油,加入燃油即可。油路不畅通,应清理油道。油中有水,更换燃油。

(2)火花塞问题。汽缸内进油过多,拆下火花塞拉动启动手柄数次,擦干火花塞。火花塞不跳火,积炭过多,应更换火花塞或清除积炭即可。火花塞间隙调整不当,应重新调整间隙为 1.1～1.4 mm。

(3)阻风门没开启,开启即可。

6.日常保养

(1)药箱内不得残存剩余药液。须用清水清洗药箱内外,特别是橡胶件。

(2)及时清理机器表面油污和灰尘,切勿用水冲刷汽油机。

(3)检查各连接处是否有漏水漏油及各部螺丝松动现象,发现后应及时排除。

(4)喷雾器应放在室内干燥通风处、切勿靠近火源。

(5)存放时卸下火花塞,向汽缸内注入 5～8 滴二冲程汽油机专用机油,拉动启动手柄 1～2 次,将活塞处于上死点之后装上火花塞。

(6)用塑料罩或其他物品盖好,放于室内干燥通风处。

五、实训成果

某田块有虫株率达 80%,选用合适药械进行防治并说明使用步骤要点。

任务考核评价：

常用农药器械的使用及保养考核评价表

学生姓名：　　　　班级：　　　　学号：

指导教师：　　　　填表日期：　　年　　月　　日

实训任务：

实训过程考核（70分）	赋分标准	分值	得分
专业技能	能对农药正确地稀释计算。	10	
	能熟练掌握常用防治器械的使用，了解维护方法。	15	
	能阅读防治器械说明书。	10	
学习态度	能及时独立完成作业和实训报告。	10	
	能完成预习内容并查找相关资料。	5	
素质能力	爱护实训设施设备，遵守实训要求。	4	
	在实训任务过程中踏实肯干，态度端正，具有责任心。	4	
	认真研究实训内容，在完成实训任务的过程中积极主动，严肃认真。	4	
	在分组活动中能根据任务需要，团结协作，具有团队意识。	4	
	在实训中愉快接受任务并与他人愉快合作，善于沟通。	4	
实训成果考核（30分）	能熟练掌握常用防治器械的使用，了解维护方法。	10	
	能阅读防治器械说明书。	10	
	写出实训报告。	10	
总评		100	

参考文献

[1] 李艳杰，等. 森林病虫害防治. 沈阳：沈阳出版社，2011.

[2] 朱天辉. 苗圃植物病虫害防治. 北京：中国林业出版社，2002.

[3] 薛勇. 园林植物保护. 长春：吉林科学技术出版社，2006.

[4] 方中达. 中国农业百科全书. 植物病理学卷. 北京：中国农业出版社，1996.

[5] 中国农业科学院植物保护研究所. 中国农作物病虫害. 2版. 北京：中国农业出版社，1996.

[6] 北京农业大学. 农业植物病理学. 北京：中国农业出版社，1982.